大学生の「知」の情報ツール I

ICT tools for academic skills

Word & PowerPoint

第2版（MS-Office2013対応）

森 園子 編著

池田 修
坂本憲昭
永田 大
守屋康正 著

共立出版

Windows, Microsoft Office, Word 2013, Excel 2013, PowerPoint 2013, Internet Explorerは，米国 Microsoft Corporation の米国およびその他の国における登録商標または商標です。
その他，本書に掲載した会社名，製品名などは各社の登録商標または商標です。

はじめに

　昨今,大学では入学前事前教育や,初年次教育が盛んに行われるようになってきました。そこでは,主として大学組織の説明や,大学での講義の受け方や学習の仕方といった内容が取り扱われています。これらの初年次教育が盛んに行われる背景としては,さまざまな要因が挙げられていますが,最も大きな要因はコンピュータやインターネットの普及によるものであると,筆者は思っています。従前においても,『知的生産の技術』(梅棹忠夫著,岩波書店)等に代表されるように,知的活動方法や技術に関する内容はしばしば取り扱われてきました。しかし今,それが大きく取り上げられるのは,コンピュータやインターネットの普及によって,それらの方法が大きく変化しているからです。コンピュータやインターネットは従前の資料の検索や,手書きの文書作成に替わるツールとして,今,知的活動や社会における業務の方法を大きく変えつつあります。

　最近では,さらに携帯電話やスマートフォンの利用者が増大し,情報端末は移動体通信に取って代わりつつあります。パソコンを持たない大学生もいるようで,話題になっています。携帯電話やスマートフォンは,さまざまな情報検索,mail,ゲームなどができる非常に便利な情報ツールです。しかし,整った客観的な文章,しっかりとした情報検索,数理的なデータ分析,ビジネスにおける業務等は,現時点ではやはりコンピュータでしかできないのです。これらの移動体通信と共に,やはり,しっかりとした情報の知識や技術を身に付けなければなりません。

　本書では,このコンピュータやインターネットの,大学生の知の情報ツールとしての側面に焦点を当て編集をしました。

■大学生の知の情報ツール　コンピュータ

　大学ではさまざまな知的活動を行っていきます。まず,講義を受講しますが,講義は話を聞いてそれで終わりというわけではありません。正確な知識や理解を得るためには,情報検索と収集が必要ですし,内容がある程度まとまってくると,レポートや論文を書くことが求められます。クラスやゼミナールで発表し,教員や他の学生諸君と議論をする機会も多くあります。そのため,発表資料の作成や発表の仕方も学ばなければなりません。大学におけるこのような知的活動には,コンピュータやインターネットが欠かせない必須アイテムです。したがって,大学での知的活動は,このコンピュータをどのくらい駆使できるかということにかかってくるのです。

　このような観点に焦点を当て,本書は,以下のような構成としました。

前編（Ⅰ）
 第1章 大学生の知の情報ツール
 第2章 Word2013を使った知のライティングスキル：Word2013の基本操作
 第3章 PowerPoint2013を利用した知のプレゼンテーションスキル
    PowerPoint2013の基本操作

後編（Ⅱ）
 第1章 Excel2013を利用した知のデータ分析：Excel2013の基本操作
 第2章 Googleによる情報検索とクラウドコンピューティング

この知の情報ツールは，皆さんの新しい可能性を大きく広げてくれることでしょう。

■**本書で学ぶ学生諸君へ**
 このテキストは，「コンピュータに初めて触れる」または「少し知っているけれどもより進んだ知識や操作を習得したい」という学生諸君を対象として，コンピュータ技術，および，基礎的な知識を得ることができるよう編集されました。
 なお，本書で用いた各種の課題，練習問題および総合練習問題のファイルは，下記URLにアップロードされています。御活用ください。
 URL：http://www.kyoritsu-pub.co.jp/bookdetail/9784320123878

 本書は1年間の講座を終えた後も，時々開いてみてください。
 本書で学び，知の情報ツールとしてのコンピュータやネットワークに関する知識と技術を身に付けた皆さんが，自らの新しい世界を開いてくれることを，そして本書が皆さんの良き礎，書となることを願っています。

2015年3月

拓殖大学政経学部
森　園子

目　次

第1章 大学生の知の情報ツール　1

1.1　大学における知の活動 …………………………………………… 2
　1.1.1　情報収集とコンピュータ　3
　　　(1)　大学図書館の利用　3
　　　(2)　大学図書館におけるオンラインデータベース　4
　　　(3)　インターネットによるWeb検索　6
　　　(4)　ブラウザと検索エンジンの利用　7
　1.1.2　レポートを書いてみよう　10
　　　(1)　アイデアツリーの作成　10
　1.1.3　表やグラフを入れよう　図表・グラフリテラシー　10
　1.1.4　調べた内容を発表しよう　12

1.2　情報倫理とセキュリティ──情報化社会と向き合うために ……………… 19
　1.2.1　インターネット閲覧でウイルス感染　19
　　　(1)　定義ファイル　20
　　　(2)　ウイルススキャン機能　21
　1.2.2　電子メールの利用について考えてみよう　22
　　　(1)　電子メールを利用したフィッシング　23
　1.2.3　情報発信について考えてみよう　25
　　　(1)　ブログ等の情報発信におけるトラブル　25
　　　(2)　匿名性と個人特定　25
　1.2.4　情報コンテンツやサービスの利用について考えてみよう　28
　　　(1)　コンテンツ・サービスと著作権　28
　　　(2)　ネットショッピングと情報の暗号化　31
　1.2.5　アカウントとファイルの管理について考えよう　33
　　　(1)　アカウントの重要性　33
　　　(2)　ファイルの管理　34

1.3　コンピュータの基礎知識 …………………………………………… 36
　1.3.1　いろいろなコンピュータ　36
　1.3.2　ハードウェアとソフトウェア　37
　1.3.3　OS(オペレーティングシステム)とアプリケーションソフト　38
　　　(1)　OSの種類　39

　　　　　　(2) コマンドプロンプト　*40*
　　　　　　(3) アプリケーションブラウザ　*41*
　　　　　　(4) アプリケーション オフィスソフト(オフィススイート)　*41*
　　　　　　(5) 互換性とバージョン情報　*42*
　　　　　　(6) Windowsのフォルダ構成とファイルの保存　*44*
　　　1.3.4　Windowsに付属しているソフトを使ってみよう　*45*
　　　　　　(1) ファイル形式と拡張子　*47*
　　　　　　(2) 圧縮と解凍　*49*
　　　1.3.5　コンピュータにおける文字入力と変換　*49*
　　　　　　(1) ローマ字入力とかな入力　*49*
　　　　　　(2) 漢字への変換方法　*50*
　　　　　　(3) ひらがな, カタカナ, 半角, 英数文字への変換方法　*50*
　　　　　　(4) 手書き入力と特殊記号の入力　*51*
　　　1.3.6　文字入力とタイピング　*52*
●総合練習問題　*54*

第2章
Word 2013を使った知のライティングスキル　*59*

　2.1　Microsoft Word 2013の基本操作　…………………………　*60*
　　　2.1.1　Microsoft Word 2013の画面構成と基本操作　*60*
　　　2.1.2　ファイルを開く／ファイルの保存　*61*
　　　　　　(1) ファイルを開く　*61*
　　　　　　(2) ファイルの保存　*62*
　　　2.1.3　ファイルの印刷　*66*
　　　　　　(1) 印刷イメージの確認　*66*
　　　　　　(2) ファイルの印刷　*67*
　2.2　文書作成の基礎　…………………………………………………　*71*
　　　2.2.1　書式設定　文字に書式を設定しよう　*71*
　　　2.2.2　文字の配置とインデント・ルーラー　*75*
　　　2.2.3　ヘッダーとフッターの利用　*79*
　　　2.2.4　段組を組む　*82*
　2.3　文字列の検索／置換　……………………………………………　*85*
　　　2.3.1　検索機能　*85*
　　　2.3.2　置換機能の活用　*87*
　2.4　画像や図形の編集　………………………………………………　*89*
　　　2.4.1　画像の挿入と拡大／縮小／折り返し　*89*
　　　　　　(1) 挿入した画像を拡大／縮小／回転させる　*89*
　　　　　　(2) 文字列の折り返し　*89*

2.4.2 図形ボタンを利用して，図を描いてみよう　94
2.4.3 SmartArt の利用と操作　97
2.4.4 文字の効果の利用　102
2.5 表とグラフの作成と編集　104
 2.5.1 表の作成と編集　104
  (1) 表と罫線の操作　107
  (2) 表のレイアウト　108
 2.5.2 グラフの作成と編集　112
2.6 レポート・論文を書くときに利用する機能　117
 2.6.1 スタイルの利用　117
 2.6.2 目次の作成と利用　118
 2.6.3 脚注と図表番号　121
  (1) 脚注　121
  (2) 図表番号　122
 2.6.4 ナビゲーションウィンドウによる目次の検討　129
●総合練習問題　132

第3章
PowerPoint2013 による知のプレゼンテーションスキル　141

3.1 PowerPoint2013 の基本操作　142
 3.1.1 PowerPoint 活用の狙い　142
 3.1.2 PowerPoint2013 の起動と操作画面　142
3.2 スライドデザインとスライドレイアウトの選択　145
 3.2.1 スライドデザインの選択　145
 3.2.2 スライドレイアウトの設定　148
3.3 文字の入力と図形の作成　150
 3.3.1 文字の入力　150
 3.3.2 箇条書きと段落番号　151
  (1) 箇条書き　行頭番号の挿入　151
  (2) 段落番号の挿入　153
 3.3.3 アウトライン表示の活用　156
 3.3.4 文字の装飾と図形の作成　158
  (1) 文字の装飾　ワードアートの利用　158
  (2) 図形の作成と編集　160
  (3) 図表の作成　SmartArt グラフィックの利用　163
3.4 図やサウンド，ビデオを挿入する　166
 3.4.1 図を挿入する　166
  (1) ファイルから図を挿入する　166

　　　　　　(2) オンライン画像から図を挿入する　*167*
　　3.4.2　サウンドを挿入する　*169*
　　3.4.3　ビデオファイルを挿入する　*170*
3.5　表の作成………………………………………………………………*173*
　　3.5.1　表の作成と挿入　*173*
3.6　グラフの作成と挿入…………………………………………………*178*
3.7　効果的なプレゼンテーション──アニメーション効果と画面切り替え………*181*
　　3.7.1　アニメーションの設定　*181*
　　3.7.2　画面切り替えの設定と利用　*186*
3.8　スライドの編集とプレゼンテーションの実行……………………………*188*
　　3.8.1　スライドの表示　*188*
　　　　　　(1)［プレゼンテーション表示］グループによるスライド表示　*188*
　　　　　　(2) スライドの編集　*189*
　　3.8.2　プレゼンテーションの実行　*190*
　　　　　　(1) ポインタオプションの利用　*191*
　　　　　　(2) プレゼンテーション実行中のスライドの選択　*192*
3.9　プレゼンテーション資料の作成………………………………………*194*
　　3.9.1　スライドの印刷と発表資料印刷の設定　*194*
　　　　　　(1) スライドの印刷　*194*
　　　　　　(2) 発表時の配布資料の印刷　*195*
　　　　　　(3) 発表者用のメモ書きの印刷　*195*
　　3.9.2　ヘッダーとフッターの挿入　*196*
　　3.9.3　ページ設定　*197*
●総合練習問題　*198*

索　　引……………………………………………………………………*202*

あとがき……………………………………………………………………*209*

第1章

大学生の知の情報ツール

1.1 大学における知の活動
1.2 情報倫理とセキュリティ
　　——情報化社会と向き合うために
1.3 コンピュータの基礎知識

1.1 大学における知の活動

大学では,さまざまな知の活動を行っていく。まず,各分野の講義を受講するが,講義は話を聞いてそれで終わりという訳ではない。講義内容について自分の頭で考えることが大切である。得られた知識を正確なものとするために,それらの専門用語について調べたり,情報やデータを得ることが必要となってくる。調べた内容や理解がある程度まとまってくると,文書として表現することが望ましい。大学では,レポートとして,この文書を求められる場合が多い。文書として表現する際には,事象を客観的に捉えたり,その説得力を増すために数理的な分析や表現を用いることが有効である。このため,データを集めて分析したり,表やグラフを活用することが必要となってくる。

さらにクラスやゼミナールでは,その文書を基に発表して,教員や他の学生諸君と議論することが多い。大学では,このような活動を繰り返すことで,専門的な内容に対する理解をさらに深め,確実なものにしていくのである。それらの流れを大まかな図で表すと,以下のようである。

> 情報検索と収集

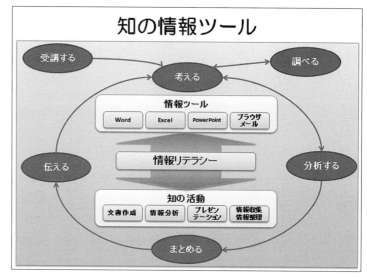

図1.1.1 大学生の知の活動

■大学における知の情報ツール

1.1で述べた,大学における知的活動を行うには,コンピュータやインターネットの利用が欠かせないアイテムである。

従前においても,知的活動方法やその技術に関する内容は,しばしば取り扱われてきた。また,現在においてもアカデミックスキルやレポート・論文の書き方として,さまざまなところで述べられているところである。し

> ・従前の知的活動方法の指南書として『知的生産の技術』(梅棹忠夫 著,岩波新書)は非常に有名である。
>
> ・アカデミックスキルをさらに学びたい人のために参考図書を挙げると以下のようである。
> ・『レポート・論文・プレゼン スキルズ』,石坂春秋 著,くろしお出版(2003)
> ・『知のツールボックス』,専修大学出版企画委員会編,専修大学出版局(2006)
> ・『知へのステップ』,学習技術研究会編著,くろしお出版(2002)

かし，今，これらの活動が従前の活動と大きく異なるのは，パソコンやインターネットの普及によって，活動の仕方が大きく変化しているという点である。前出図1.1.1の情報収集・情報整理では図書館におけるオンラインデータベースの利用やインターネット検索が主流であるし，文書作成においてはWordを，情報の整理や数理的な分析においてはExcelを，発表資料の作成においてはPowerPointを活用する。つまり，これらの情報ツールをどのくらい駆使できるかということが，大学における知の活動の鍵を握ることになる。本書では，このような大学生の知的活動を，特にコンピュータやインターネットが関わる側面に焦点を当てて説明する。本書の構成を示すと，以下の図1.1.2のようである。

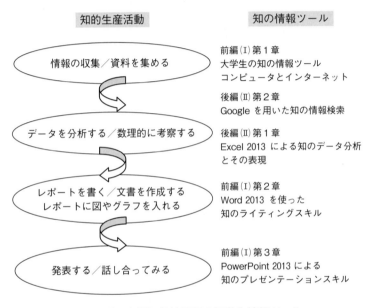

図1.1.2　大学における知の活動と情報ツール

1.1.1　情報収集とコンピュータ

ここでは，情報検索と収集等の活動について，有用なポイントを述べる。

(1) 大学図書館の利用

大学の図書館には，図書，参考図書(辞書・事典・百科事典・年鑑・統計資料・白書)，新聞，学術雑誌，DVDおよびVTR等の視聴覚資料等があり，常時閲覧できる。図書館では，資料を探す・書架にある資料を見る・図書を借りる・資料を入手する・学外の図書館を利用する・わからないことを図書館員に聞くなどの活動ができる。積極的に利用しよう。

多くの図書館の資料は，日本分類十進法(NDC：Nippon Decimal Classification)で分類されている(図1.1.3)。また，調べる時には，一次資

一次資料と二次資料
一次資料とは,その資料を作成した著者が直接調査し考察した資料であり,たとえば論文・著者が直接書いた図書・新聞記事・調査レポート等がある。それに対して,二次資料とは,一次資料を元に第三者が作成した資料・解説書をいう。たとえば,翻訳・抄録・百科事典・ハンドブック・解説書等である。
調べる時は,一次資料を優先的に調べるようにしよう。

開架式と閉架式
図書館の閲覧方式には,開架式と閉架式がある。開架式の場合,閲覧者はその資料のある書架まで直接行くことができるが,閉架式の場合はできない。閉架式の場合は,見たい資料を蔵書目録で書名番号や図書名を確認し,図書館員に依頼して持ってきてもらうことが必要である。

料を優先的に調べるようにしよう。

> **課題1**
> 実際に開架式の書架に行き,その分類方法と,図書に貼られているシールに記載されている分類番号(請求番号)を確認しよう。

日本十進法分類表(図書目録)

```
000  総記              300  社会科学          600  産業
010  図書館            310  政治              610  農業
020  図書・書誌学      320  法律              620  園芸・造園
030  百科事典          330  経済              630  蚕糸業
040  一般論文集・雑書  340  財政              640  畜産業・獣医学
050  逐次刊行物        350  統計              650  林業
060  学会・博物館      360  社会学・社会問題  660  水産業
070  新聞・ジャーナリズム 370  教育           670  商業
080  双書・全集        380  風俗習慣・民俗学  680  運輸・交通
090  その他の資料      390  国防・軍事        690  通信事業

100  哲学              400  自然科学          700  芸術
110  哲学各論          410  数学              710  彫刻
120  東洋思想          420  物理学            720  絵画
130  西洋哲学          430  化学              730  版画
140  心理学            440  天文学            740  写真術
150  倫理学            450  地学              750  工芸
160  宗教              460  生物学            760  音楽
170  神道              470  植物学            770  演劇
180  仏教              480  動物学            780  体育・スポーツ
190  キリスト教        490  医学              790  諸芸・娯楽

200  歴史              500  工学              800  語学
210  日本              510  土木工学          810  日本語
220  アジア            520  建築学            820  中国語
230  ヨーロッパ        530  機械工学          830  英語
240  アフリカ          540  電気工学          840  ドイツ語
250  北アメリカ        550  海事工学          850  フランス語
260  南アメリカ        560  採鉱冶金学        860  スペイン語
270  オセアニア        570  化学工業          870  イタリア語
280  伝記              580  製造工業          880  ロシア語
290  地理              590  生活科学・家政学  890  その他諸国語

                                               900  文学
                                               900  文学総記
                                               910  日本文学
                                               920  中国文学・東洋文学
                                               930  英米文学
                                               940  ドイツ文学
                                               950  フランス文学
                                               960  スペイン文学
                                               970  イタリア文学
                                               980  ロシア文学
                                               990  その他諸国文学
```

図1.1.3 日本分類十進法(NDC:Nippon Decimal Classification)

(2) 大学図書館におけるオンラインデータベース

・大学図書館のデーターベース
各大学の図書館が契約しているので,内容は各大学によって異なる。

大学の図書館では,国会図書館や他大学図書館の蔵書,ニュースや時事情報,百科事典等を独自のオンラインデータベースで検索することができる(図1.1.4)。

図1.1.4　図書館が契約しているデータベースの一部

■**資料の検索方法　　キーワードの入力**

これらの資料の検索には,いくつかのキーワードを入力して検索するが,このキーワードはなるべく短い方がヒットする確率が高い。

例
1. 日本の半導体産業の問題点を探る
　　キーワード：×日本の半導体産業　　○日本,半導体
2. 日本のコンビニエンスストアの売上額の推移を探る
　　キーワード：×日本のコンビニエンスストアの売上額
　　　　　　　　○コンビニエンスストア　売上額

調べもので困ったら,レファレンスカウンターの図書館員に相談しよう。

主なデータベースを用途別に挙げると,以下のようである。

■**図書や書籍を調べる**

図書や書籍を調べるには,第1にOPAC (Online Public Access Catalog) が挙げられる。さらに,BOOKPLUS (日本の図書を検索できるDB),Webcat plus (日本の大学図書館の蔵書を検索できるDB, http://webcatplus.nii.ac.jp) などがある。

■**ニュースや時事情報を調べる**

ニュースや時事情報を調べるには,朝日新聞DB・聞蔵Ⅱビジュアル・読売新聞DB ヨミダス歴史館・日経新聞DB 日経テレコン21 (図1.1.5) などがある。

・**OPAC**
OPACはオーパックと読む。同じOPACでも大学によりパソコンの検索画面や操作方法が異なる。

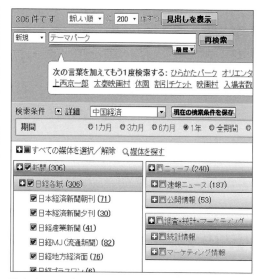

図1.1.5　日経テレコン21による新聞記事の検索

■百科事典データベースを活用する

　百科事典も有用である。日本大百科全書他，英和・和英・時事等各種事典約30種を集録したJapanKnowlegde＋や，ブリタニカ国際大百科事典・ブリタニカ国際年鑑を集録したブリタニカ・オンラインなどがある。

(3) インターネットによるWeb検索

　インターネットを利用すると，学内外のすべてのパソコンから，さまざまな情報を収集することができる。ここでは，国立国会図書館のホームページ(http://www.ndl.go.jp/)を見てみよう。

・本書後編第5章 Googleの活用を参照のこと

> **課題2**
>
> 国立国会図書館のデータベースを利用しよう。

＜操作方法＞

① Internet Explorer(IE)を起動させ，URLにhttp://www.ndl.go.jp/と入力し，[Enter]キーを押す。
② 表示された国会図書館のホームページの[資料の検索]をクリック(図1.1.6)。
③ 表示されたプルダウンメニューの[NDL-OPAC(蔵書検索・申し込み)]をクリック(図1.1.6)。

図1.1.6　国立国会図書館のホームページ

④ NDL-OPAC 国立国会図書館蔵書検索・申込システムのページが表示されるので，[蔵書検索]をクリック。
⑤ 蔵書検索のページが表示される。登録利用者IDを持っている場合は，IDとパスワードを入力する。持っていない場合は，[検索機能のみを利用する（ゲストログイン）]をクリックする。さらに，表示された画面で，[詳細検索]タグをクリックする（図1.1.7）。調べたい図書や資料のタイトル，著者等を入力し，図書・電子資料・雑誌・新聞等の書籍の種類にチェックマークを入れて，[検索]ボタンを押す。

⑤わからない時は，空白でよい。

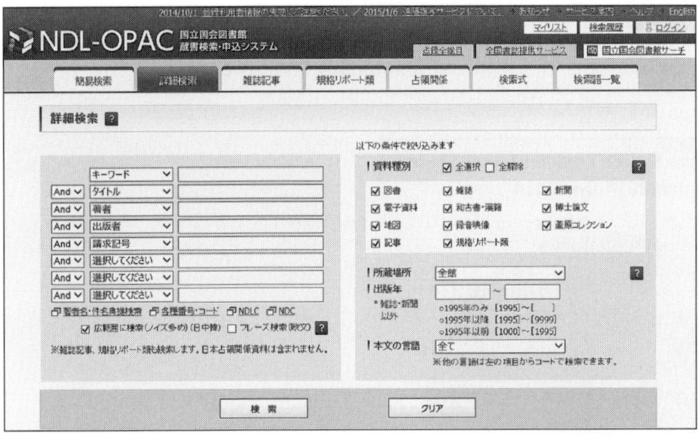

図1.1.7　国立国会図書館データベースの検索画面

(4) ブラウザと検索エンジンの利用

　ブラウザとは，Webページを閲覧するためのアプリケーションソフトであり，Internet Explorer(IE)，Safari，Firefox等がある。また，検索エンジンとは，インターネット上の情報をキーワードを入力して検索することができるプログラムのことである。検索エンジンには，ロボット型とディレクトリ型があるが，現在の検索サイトは，この両方の機能を併用した検索プログラムを装備している場合が多い。

ロボット型とディレクトリ型
・キーワード型（ロボット型）
ロボット（またはクローラ）と呼ばれる検索エンジンプログラムが，インターネット上を自動的，かつ機械的に巡回して，Webページのキーワードや情報を収集する。Googleは，キーワード型の代表的な検索サイトである。

・ディレクトリ型
一般的に人間がWebサイトを調べ，情報をある種のカテゴリに分類して，階層構造で情報（ホームページ等）を収集する。ディレクトリ型の代表的な検索サイトはYahoo!である。

■ブラウザの世界的なシェア

　一般に Windows 環境であれば Internet Explorer(IE), Mac 環境であれば Safari が標準で搭載されているので, これらを利用する人が多い。この他にも Firefox, Chrome, Opera などのブラウザがある。現在の Web ブラウザの世界におけるシェア(図1.1.8)と検索エンジンのシェア(図1.1.9)を示すと以下のようである。ブラウザや検索エンジンにはそれぞれ特徴がある。検索する際には, いくつかのブラウザやサイトを調べよう。

・Wikipedia
Wikipedia というサイトでは, インターネット上にフリーな百科事典としてさまざまな情報が掲載されている。Wikipedia は, その方針に同意していれば, 誰もが記述することができる。誤った情報が記述された場合には, 気がついた人が修正している。そのため, 多くの人が利用するページは, 有用な情報が正しく書かれていることが多いが, 逆にあまり利用されないページは, 誤った表現や偏った情報が記載されていても, 修正されにくく, 信憑性の低い情報が掲載されている可能性が強い。

後編(Ⅱ)第2章
Google を参照のこと

・Wikipedia の引用には注意すること。内容は, 個人が趣味的に記載している場合が多いので, 情報源を確認すること。

・さらに個人のブログの内容はその情報源の信頼性を確認すること

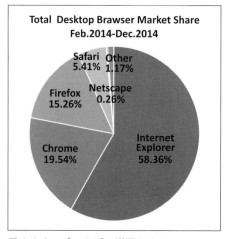

図1.1.8　ブラウザの世界におけるシェア
［出典：Net Applications 社　http://marketshare.hitslink.com/］

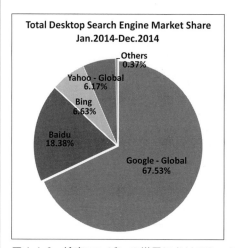

図1.1.9　検索エンジンの世界におけるシェア
［出典：Net Applications 社　http://marketshare.hitslink.com/］

　インターネットでの情報は, 多くはその発信元が匿名であるため, 記述内容に対する責任感が希薄になりやすい。また, 情報は, 記述する人の考え方によってまとめられるため, その人の思想や考え方が反映された文章となる。このように情報は, 発信者によりフィルタリングされているという点

を考慮しなければならない。情報の信憑性は，最終的に自分で判断する必要があるが，情報の発信者の匿名性が高ければ高いほど，信憑性は低くなる傾向がある。論文や書籍，マスメディア，インターネット上の情報の信頼性と，情報としての新鮮さの関係を示すと以下のとおりである。

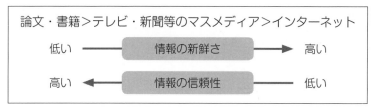

図1.1.10　情報の新鮮さと信頼性

■検索の仕方　キーワードを入力して検索する

検索で利用するキーワードにも注意が必要である。検索サイトは入力したキーワードをもとに検索しているため，そのキーワード自体が偏っていれば，偏った結果が検索されることになる。

課題3

ダイエットというキーワードと失敗談，成功談，それぞれで検索して結果を見比べてみよう。

＜操作手順＞
① Google等の検索サイト（http://www.google.co.jp/）を表示する。
② キーワードに「ダイエット」と「失敗談」と入力して検索する。
③ 同じく，「ダイエット」と「成功談」と入力して検索結果を比較する。

■ 練習 ■

1．適切なキーワードを考えてみよう
　　ダイエットの例では，どのようなキーワードを使うのがよいか考えてみよう。

2．適切なキーワードで検索した場合でも，さらに気をつける点がないか考えてみよう。

■オンラインストレージとファイルホスティング

最近，利用されている便利なインターネットの機能として，オンラインストレージがある。ファイルホスティングとも言う。オンラインストレージ（ファイルホスティング）とは，サーバーマシンのディスクスペースをユーザーに貸し出すサービスである。ユーザーはインターネット上にアクセスすれば，どこからでもファイルの読み込みや保存ができる。ネット上のフ

・練習1のヒント
体験談，統計情報等が良い。

・練習2のヒント
そもそも，マイナスな情報は公開されにくい。プラスの情報や都合の良い情報だけが世の中に出回るということを意識しておきたい。失敗したことなど人に話したくないからである。面白い情報や不安をあおるような情報のほうが広まりやすい。この点についても，意識して情報を扱う必要がある。

・オンラインストレージには
たとえば
Googleドライブ，DropBox，OneDrive等がある。

ァイルは共有することもできるので，共同作業や共同発表時にも有効である。USBメモリ等を持ち歩く必要が無くなるので便利であるが，ネットワーク障害に備えて，バックアップを取っておく必要があろう。また，第3者に読まれてしまう危険性も併せ持っているため，本当に重要な内容は，やはり保存しないようにした方が安全である。

1.1.2　レポートを書いてみよう

(1) アイディアツリーの作成　暫定的に目次を考えよう

　レポートの書き方にはいろいろあるが，書式等については，ここでは触れない。ただ1つ有用なことは，レポートを書く前に，書きたい内容のキーワードを書き出してみることである。キーワードを書き出して，それらを関連付ける図を書いてみたり，暫定的に目次を作ってみることは文章の構成を考える上で，非常に有効である。あくまで，暫定的なものなので，これらの項目を削除したり，別の項目を追加したり，また順序を入れ替えても良い。目次は章・節・項というふうに以下のような階層構造になっている。

　　1章
　　　1章1節
　　　　1章1節1項

　キーワードや，自分のおおまかな内容を，この階層構造に沿って組み立ててみると，意外に簡単にレポートが作成できる。

　テーマは，最初に考えるものであるが，レポートを書いているうちに変化してくる場合が多い。内容全体を振り返って，最後に考えるのも有効である。

■ レポートのアウトライン作成における PowerPoint の利用
　第3章 PowerPoint2010による知のプレゼンテーション・スキルでも触れるが，PowerPointはプレゼンテーション資料の作成に用いるのみならず，上述の暫定的な目次やキーワードの作成に適したソフトである。つまり，スライドや箇条書き機能を用いて，思考の論点を明確化し，順序立てて組み立てるのに有効である。是非，利用されたい。

1.1.3　表やグラフを入れよう　図表・グラフリテラシー

　図表やグラフは，レポートを書く上で欠かせない。データを数理的に処理し客観的に捉えたり表現することで，自分自身の思考も整理され，読む人に説得力を増す。表からは，詳細で正確なデータの数値がわかる。グラフ

・目次の編集
目次の編集には，Wordのアウトライン機能やナビゲーションビュー，さらにPowerPointのアウトライン機能が有用である。

・レポートの書き方をさらに学びたい人へ
参考図書を挙げると，以下のようである。
①『レポート・論文・プレゼン スキルズ』石坂春秋著，くろしお出版(2003)
②『知のツールボックス』専修大学出版企画委員会編，専修大学出版局(2006)

は、その特徴が視覚的に表現されるので、これらの特徴を生かして使い分けることが大切である。

例 表とグラフの特性

下の表は、2015年度の共立花子さんの生活費のようすを示したものである。実際に消費した正確なデータが詳細にわかる。

表 1.1.1　共立花子さんの 2015 年度生活費

	4月	5月	6月	7月	8月	9月	合計
家　　　賃	43,000	43,000	43,000	43,000	43,000	43,000	258,000
水道・光熱費	7,800	8,300	6,530	9,700	8,700	9,200	50,230
食　　　費	30,000	35,000	35,700	38,750	42,000	45,000	226,450
交　通　費	13,350	9,500	12,600	13,400	8,800	14,800	72,450
教　養　費	22,500	18,000	10,030	7,000	7,500	8,500	73,530
レジャー費	3,500	4,600	12,500	18,250	5,600	9,850	54,300
そ の 他	12,500	4,570	4,300	13,500	2,800	3,450	41,120
合　　　計	132,650	122,970	124,660	143,600	118,400	133,800	776,080

上の表をもとに、さまざまなグラフで表してみよう。グラフにもそれぞれの特性がある（図1.1.11）。それらの特性を見極めて使い分けることが重要である。

グラフの種類	グラフの用途・特徴
(1)棒グラフ	データ量を比較する
(2)折れ線グラフ	データの推移をみる
(3)円グラフ・ドーナツグラフ	項目別の構成比率をみる
(4)帯グラフ	項目別の構成比を比較する
(5)散布図	2つの変化する量の傾向を分析する
(6)レーダーチャート	項目別のバランスを比較する
(7)箱ひげ図	グループ別データの統計的特徴の表示

(1) 棒グラフ

データ量を比較する

(2) 折れ線グラフ

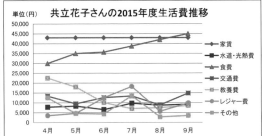

データ量の変化・推移をみる

(3) ドーナツグラフ

項目別の全体に対する構成比をみる

(4) 帯グラフ（横棒グラフ）

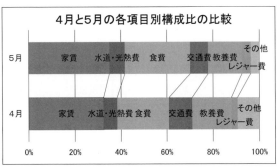

項目別構成比を比較する

(5) 散布図

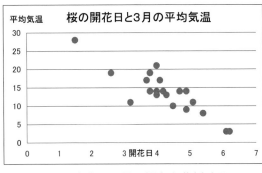

2つの変化する量の傾向を分析する

(6) レーダーチャート

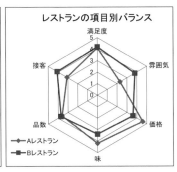

項目別のバランスを比較する

図 1.1.11　さまざまなグラフの特性

1.1.4　調べた内容を発表しよう

最後に，今まで調べたり書いたりしてまとめたものを発表しよう。プレゼンテーション資料の作成の流れは，概ね以下の流れのようである。

1　プレゼン内容の決定（伝えたいことの決定）
　　何をプレゼンテーションするかを考え決定する。1つ大きなテーマを

決めて,ポイントを3つくらいに絞っておくと良い。

2　目次・構成の組み立て
プレゼン内容をもとにして,目次を組み立てる。ビジネス文書なら,結論→背景(結論に至った経緯)→提案(結論から何を提案したいか)等。

3　スライドの作成(内容を重視して作業)
目次・構成を崩さないように意識しながら,内容を記述する。

4　デザイン等の設定(見た目を重視して作業)
テーマやデザインの設定をする。フォントの種類や色・アニメーションの設定,配置等,見やすい資料を作成することが重要である。そのためには,フォントの大きさや色のバランスを工夫する。文字の大きさが小さかったり,同系色だったりすると見えにくい。

5　事前練習(想定質問も作成)
発表を想定して実際にスライドショーを実行し,時間を計測しながら発表の練習を行ってみる。リハーサルを事前に行い時間を把握することで,安心して本番に対処できる。2ページで1分が一つの目安である。また,発表後の質疑応答の際に質問されそうな内容を想定し,解答を事前に考えておくことも重要である。

6　事前準備(資料印刷等)
通常は,PowerPointのファイルを1/2～1/8くらいで割付印刷して,配布する。

7　プレゼンテーション当日
プレゼンテーションは,発表と質疑応答で構成されることが多い。多くの場合,発表15分,質疑応答5分,合計20分の時間構成である。ゆっくりと丁寧に話そう。

ここでは,今までの内容を振り返り,実際に例題を通して知の活動を考えよう。

例題

あるテーマパークのホームページには,下の表1.1.2のような,2005年と2009年のS県,C県,T県,I県からの1年間の入園者数が掲載されている。いずれの年もT県からの入園者数が多い。T県に住んでいる人に人気があるといえるだろうか？　詳細を調べてみよう。

表1.1.2

都道府県別テーマパークの入園者数(千人)				
年	S県	C県	T県	I県
2005年	2,003	2,536	3,994	1,313
2009年	3,262	2,807	6,337	1,985

・1の補足
新商品の紹介であれば,大きなテーマとしては,「新商品紹介」で,ポイントに当たるのは新商品で特に伝えたい点,「価格が安くなった」「〇〇が高性能になった」「カラーバリエーションが増えた」など,3つくらいにポイントを絞っておく。

・3の補足
実際のプレゼンを行う際に,言葉で説明する内容と,プレゼン資料に書いておく内容を意識して記述する。

・5の補足
スライドの内容を棒読みせずに,スライドにはポイントを記述して,口頭での説明でプレゼンを進める。そのためには,スライドを印刷したものに説明する内容をメモしたものを用意しておくとよい。

・例題の内容とデータ
内容および関連するデータは一部筆者の創作である。

・情報の収集／資料を集める
インターネット，図書館，データベースを活用する

> **課題 4**
> テーマパークのホームページに公表されているデータを収集する他に，例題と同じようなテーマで，すでに発表されている内容があるかどうかを調べ，参考になる考え方や資料やデータを集めてみよう。
> ・テーマパークにはどんな戦略があるだろうか？
> ・同じような分析をしている本や論文があるだろうか？

・OPAC はオパックと読む。同じ OPAC でも大学により画面や操作方法が異なる。

・さらに図書館では，国会図書館，新聞記事，雑誌記事，学会の論文などもデータベースを使って調べることができる。

・総務省統計局・政策統括官・統計研修所，統計データ
http://www.stat.go.jp/data/index.htm
(2012.1.20 現在)

そのために，図書館にある本を OPAC を使って検索する。他大学にある本を取り寄せることもできるので，詳細は図書館の利用ガイドなどを参照しよう。

テーマパークのホームページに公表されているデータを表 1.1.2 に示す。例題の主旨にあるとおり T 県の入園者数が多いが，県の人口に対する割合を調べないと，他県に比べて多いとはいえない。

都道府県ごとの人口は総務省統計局のホームページから得ることができる。総務省統計局のホームページには，国勢調査，労働力調査，消費者物価指数等，さまざまな統計データが集められており，ダウンロードして Excel に表示することができる。人口データを表 1.1.2 に合わせて示す（表 1.1.3）。

・出典：
人口は，「住民基本台帳人口移動報告」（総務省統計局ホームページ）から転載した。

表 1.1.3

都道府県別テーマパークの入園者数と人口			単位：千人	
年	S 県	C 県	T 県	I 県
入園者数 2005 年	2,003	2,536	3,994	1,313
入園者数 2009 年	3,262	2,807	6,337	1,985
人口 2005 年	7,054	6,056	12,577	2,975
人口 2009 年	7,130	6,139	12,868	2,960

・収集したデータを使用するときには，著作権を侵害しないように気を付けなければならない。具体的な引用方法等については，1.2 節 情報倫理を参照のこと。

> **課題 5**
> 表 1.1.2 および表 1.1.3 のデータから，入園者数をグラフに表したり，都道府県別人口に対する入園者の割合を求めたりしてみよう。

表の数値に対するグラフ化および，分析や数理的な考察は Excel を活用すると簡単にできる。表のままでは傾向がわかりにくいので，グラフで表現して分析する。データをグラフにすることで傾向や割合などが視覚的に理解できる。さて，グラフは何を使えばよいのだろうか。同じデータでもグラフにより表現内容が異なる。主張したい内容にあわせて，または，適切な分析結果を得るため，目的にあったグラフを選択する必要がある。ここでは，入園者数の比較は，データ数の比較であるから棒グラフを用いること

とする(図1.1.12)。課題の指示に書かれていたように，T県の人数が多いことがわかる。

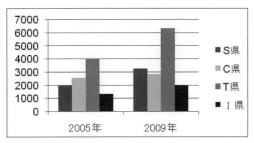

図1.1.12　都道府県別入園者数　単位(千人)

次に，都道府県別人口に対する入園者の割合を比較してみよう。表1.1.3のデータをExcelに入力して表計算を行う(表1.1.4)。

表1.1.4

都道府県別人口に対する入園者の割合(%)				
年	S県	C県	T県	I県
2005年	28.4	41.9	31.8	44.1
2009年	45.8	45.7	49.2	67.1

表1.1.4のデータをグラフに表してみよう(図1.1.13)。

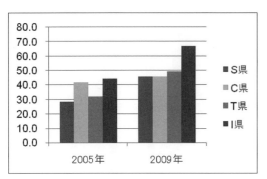

図1.1.13　都道府県別入園者数の人口に対する割合(%)

図1.1.13より，テーマパークに行く人の割合は，4年間でT県に比べてI県の方が高くなっていることがわかった。

さらに，このようになった背景を，追跡調査したところ，
- 新しい電車の路線が開通しI県からの交通の便がよくなったこと
- 電車の開通に関連したI県民限定の入園割引期間が他県に比べて長かったこと

がその要因として考えられた。

・データを分析する／数理的に考察する
Excelを使って表計算，グラフ化，分析をしてみよう。

・割合については，ひとりが複数回入園しているため，各県の居住者における人気度の比較と考える。

・T県についての考察，各県の人口増加率に対する考察を省略した。

・本書の後編(II)第1章では，さらに進んだ分析を行うためのツールとして，関数やフィルタ，ピボットテーブル，クロス集計などを学ぶ。

・Wordを使って文書にまとめるテクニックとしては，たとえば，以下のことが挙げられる。
①強調する個所には下線を引いたり，フォント（文字）の種類や大きさを変えたりする。
② Excel で作成したグラフを貼り付けたり，読み手が理解しやすいように図で表現したりする。そのために図形ツールや SmartArt などを活用する。

課題6

前述の考察をレポートにまとめなさい。

　文書の作成は Word を用いるのが一般的である。文書の体裁を整えるために，日付，章や節の見出し，ページ番号，脚注，ヘッダーやフッターの活用，箇条書きなどの操作が必要である。レポートの1例を示しておく（図1.1.14）。

2012年4月1日

〇〇論課題1
　　　　　　　　　〇〇テーマパークにおける4県の入園者数に関する考察
　　　　　　　　　　　　　　　　　　　　　　　　　　　　　政経学部 12345
　　　　　　　　　　　　　　　　　　　　　　　　　　　　　坂本太郎

1. はじめに
　あるテーマパークのホームページには，周辺の4県における 2005 年と 2009 年の入園者数が公表されている。このデータについて考察を行う。

2. 入園者の都道府県別比率
　テーマパークのホームページに公表されているデータを表1に示す。また，都道府県別の人口に対する割合を調べるために，各県の人口も表1に合わせて示すものである。

表1

都道府県別テーマパークの入園者数と人口				単位：千人
年	S県	C県	T県	I県
入園者数 2005年	2003	2536	3994	1313
2009年	3262	2807	6337	1985
人口　　 2005年	7,054	6,056	12,577	2,975
2009年	7,130	6,139	12,868	2,960

3. 考察
　図1と図2は表1のデータを元に作成したものである。…………

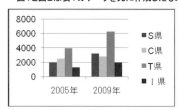 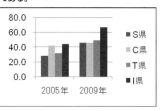

図1　県別入園者数　　　　　　　　図2　県人口に対する入園者数の割合

　この要因として，I 県における4年間の変化として，〇〇路線の開通と，それに伴い，テーマパーク運営会社の戦略として，新路線の沿線住民の取り込みを目的とした I 県民対象の入園割引券の充実が挙げられる。

4. おわりに
3の結果から，今後の経営戦略として……………

図1.1.14　課題6　レポートの例

> **課題7**
> 前述のレポート内容をスライドにまとめ，発表しなさい。

　完成したレポートの内容に基づいて，プレゼンテーション用のスライドを作成しよう。作成の際のポイントは，"自分が聞き手に伝えたいことを短時間で円滑に理解してもらうこと"である。そのために，視覚的効果を上げるためのテクニックを考えて PowerPoint を使ってスライドを作成する。スライド作成におけるテクニカルなポイントを以下に示す。

1　文章は書かずにキーワードを箇条書きにする
2　1枚のスライドで7行以内，各行30字以内を目安にする
3　フォントのサイズを会場の大きさに合わせて大きくする（会場の大きさによらずフォントの最小サイズは20pt）
4　フォントは MSゴシックまたは MSPゴシックを用いる
5　3の法則を使う（文字種は3種類，色は3色，フォントの大きさは3種類まで）
6　各スライドにおける見出しの位置，見出しのフォントのサイズや色を統一する

スライド作成におけるテクニカルな内容の検討

３０字とはこの行の長さ。このフォントのサイズは２０ポイント。

この行も30字。フォントサイズ24ポイント。MS Pゴシック。

✓C県について2000年からの変化　＜このフォントはＭＳゴシック
✓C県について2000年からの変化　＜このフォントはＭＳ明朝
✓C県について2000年からの変化　＜このフォントはMS Pゴシック
✓C県について2000年からの変化　＜このフォントはMS P明朝

この行を含めて7行。見やすいフォントやサイズを確認する。

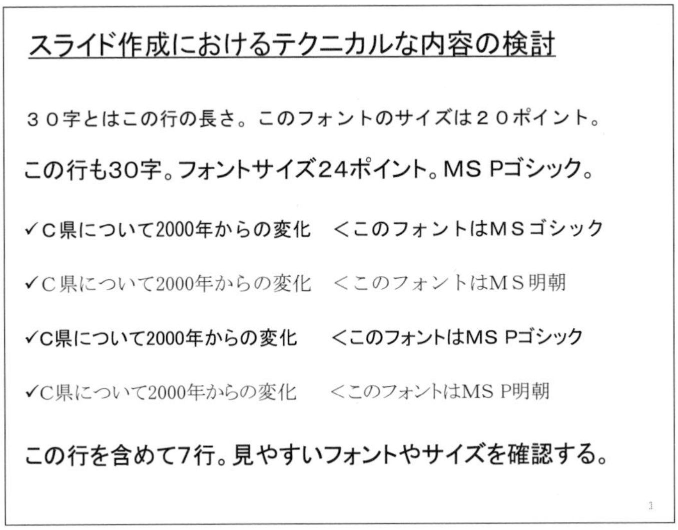

図 1.1.15　スライド作成におけるテクニカルなポイント

7　スライド番号を付ける
8　スライド1枚につき2〜3分の説明時間が目安である

・発表する／話し合ってみる
PowerPoint で発表用のスライドを作成する

・PowerPoint の機能
PowerPoint は，Word の機能をスライド作成に必要な機能に絞り，プレゼンテーションやスライド作成に特有な機能や設定を追加したと考えれば理解しやすい。

・PowerPoint の内容の作成手順としては，1.1.4「調べた内容を発表しよう」を参照のこと。

・**さらに学びたい学生諸君のために**
以下のような参考図書が挙げられる。
・学習技術研究会（編著），『知へのステップ（第3版）』，くろしお出版（2011）
・レポートの書き方
江川純，『知的文章の書き方』，日本実業出版社（1996）
・プレゼンテーションについて
Jacky 柴田正幸，『プレゼンテーション力を鍛えるトレーニングブック』，かんき出版（2002）

発表について，プレゼンテーションの成功要因は，準備8割，本番2割にある。PowerPointのスライドの下段"クリックしてノートを入力"欄に話すべき内容を記述し，スライドショーのリハーサルを利用して発表時間内に終えるように練習する（早すぎる終了もいけない）。

1.2 情報倫理とセキュリティ
情報化社会と向き合うために

　情報化が進み，私達の生活は非常に便利になった。しかし，利便性は危険性と表裏一体でもある。現在のコンピュータはインターネットに繋がっているため，コンピュータウイルスやスパムメール，ボット等，外部からの脅威に常にさらされている。

　ここでは，日常よく使う情報ツールとして次の5つを取り上げ，それぞれの項目における情報倫理とセキュリティについて考える。

- インターネット閲覧
- 電子メールの利用
- 情報発信
- 情報コンテンツやサービスの利用
- ファイルとアカウントの管理

1.2.1 インターネット閲覧でウイルス感染

　インターネットを閲覧する際には，ウイルス感染に注意する必要がある。ウイルスは脆弱性とも呼ばれる，プログラムのミス（バグ）を利用して感染する。そのため，単にホームページを閲覧しただけでも，ウイルスに感染する可能性があると認識しなければならない。

　コンピュータウイルスに感染したパソコンは，どんな状態になるのだろうか。パソコンやソフトが起動しない，パソコンの動作が異常に遅くなる，保存していたファイルが壊れる，アイコンがすべてパンダになるなど，愉快犯もあり破壊型のウイルスもある。また，ボットと呼ばれるウイルスに感染すると，第三者がそのパソコンを操作することが可能となる。自分のコンピュータがウイルスに感染すると，さらに他人のコンピュータに感染を広める可能性がある。他人へ迷惑をかけないためにも，自らのコンピュータを守ることが大切である。

課題1

ダミーウイルスをダウンロードしてみよう。

＜操作方法＞
① EICARのホームページ（http://www.eicar.org/）にアクセスする。
② ［DOWNLOAD ANTI MALWARE TESTFILE］という箇所を探して，

・情報倫理を理解するためには，コンピュータの基礎知識が必要となる。不明な点が出てきた場合は，1.3「コンピュータの基礎知識」の項目を参照すること。

・スパムメールの悪意
お金を得るために，スパムメールを送信したり，中継として利用したり，クレジットカード情報を送信したりする。
例えば，スパムメールは100万件送信して，1%の人がクリックし，0.1%の人が10万円振り込んでしまったとすると100万円の売上となる。

・ネットショッピングやネットオークションによるトラブルについては，1.2.3「情報発信について考えよう」で触れる。

・ダミーウイルス
EICAR（エイカー）と呼ばれるダミーウイルスファイルがある。"ダミー"なので，無害なファイルである。EICARは，ウイルス対策ソフトの動作確認用に利用され，すべてのウイルス対策ソフトでウイルスとして検知される。ウイルス対策ソフトが正しく動作しているか確認のために利用されているファイルである。

※注意※　この課題を行う場合には，事前にコンピュータの管理者に伝えておくこと

ファイルをダウンロードする。
③ ウイルス対策ソフトが正しく動作していれば，下記のようなメッセージが表示され，ファイルが削除される（図1.2.1）。

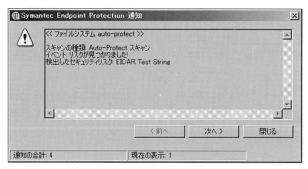

図1.2.1　EICAR ファイルの検出

(1) 定義ファイル

ウイルス対策ソフトは定義ファイルというウイルスをチェックするためのファイルを持っている。このファイルが最新でなければ，最新のウイルスに対してのチェックができない。通常は，自動的に更新される設定になっている。ここでは，使っているパソコンの定義ファイルが最新になっているか確認してみよう。

課題2
定義ファイルが最新のものか確認しよう。

<操作手順>
① デスクトップの下のタスクバーの右側からウイルス対策ソフトを起動する（図1.2.2）。

・起動方法は，ウイルス対策ソフトの種類によって異なる。

図1.2.2　ウイルス対策ソフトの起動例

② 起動したウイルス対策ソフトの画面で，UPDATE や定義ファイル更新等の項目を実行する。

③ 定義ファイルが最新であれば，下記のようなメッセージが表示され，最新であることが確認できる（図1.2.3）。

・このウイルススキャンソフトでは，「すべては最新版です。」と表示される。

図1.2.3　定義ファイルの更新

(2) ウイルススキャン機能

インターネットでダウンロードしたファイルやメールで受信した添付ファイルは開く前に，ウイルス対策ソフトでスキャンすることで安全を確認できる。

・ウイルス対策ソフトを導入しても，スキャン機能をOFFにしているということはないだろうか？　スキャン機能は処理が重いが，OFFにしていては意味がない。

課題3

ファイルをスキャンして安全を確認しよう。

＜操作手順＞

① スキャンするファイルを右クリックし，表示されたメニューから[ウイルススキャン]を選択する（図1.2.4）。

・スキャンの実行方法は，ウイルス対策ソフトの種類によって異なる。

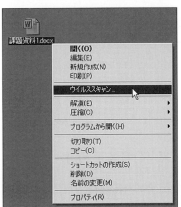

図1.2.4　ウイルススキャンの実行

② スキャン結果が表示される。ウイルスが見つからなければ，正常に完了する（図1.2.5）。

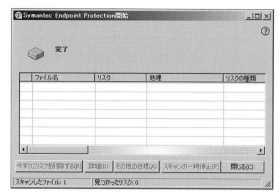

図1.2.5 ウイルススキャンの結果表示

■ 練習 ■

1. フルディスクスキャンをしてみよう
2. ウイルス対策ソフトの他の機能を調べてみよう
   使っているウイルス対策ソフトにどのような機能があるだろうか？

　インターネットに接続する際の心得として，ウイルスに感染しないための対策6カ条を示す。

1　パソコンのOS(Windowsなど)やソフト(特に，Flash Playerなどのブラウザで使われるソフト)を最新の状態にしておく。
2　ウイルス対策やスパイウェア対策などのセキュリティ対策ソフトの導入と，それらのソフトが使用する(ウイルス)定義ファイル等の更新を怠らないこと。
3　迷惑メールに書かれたURLにアクセスしない，添付されたファイルは開かない。
4　迷惑メールに分類されていなくても，不審な件名，知らない送信者からのメールは容易に開かない。
5　不審なWebサイトや怪しいWebサイトを閲覧しないこと。そのようなサイトからファイルをダウンロードしないこと。
6　上記の③〜⑤に該当しないメールの添付ファイルやWebサイトからダウンロードしたファイル，友人からもらうファイル，いずれにおいても，まずウイルスチェックをすること。

1.2.2　電子メールの利用について考えてみよう

　携帯メールやウェブメールなど，一度は，電子メールを使ったことがあるであろう。ここでは，電子メールの利用について考える。

1のヒント
フルディスクスキャン
フルディスクスキャンをしてみよう。コンピュータの全部のファイルをスキャンしチェックすることで，安全を確認することができる。ただし，完了するまでに数時間必要である。

2のヒント
ウイルス対策ソフトの機能
ウイルススキャン機能の他に，外部からの侵入防止機能やフィッシング対策機能，受信メールのチェック機能等がある。最近は，これらの機能を一式搭載したソフトとして発売されており，統合セキュリティ対策ソフトとも呼ばれる。

・近年では，FacebookやTwitter等，個人と個人のつながりを利用したインターネットサービスがある。このようなケースで，相手のことが信頼できる場合は，情報の信憑性も上がる。

(1) 電子メールを利用したフィッシング

電子メールを利用していると,迷惑メールやスパムメールと呼ばれる無作為に送信されたメールを受信することがある。これらのメールでは,フィッシングという手法を使って,ウイルス感染させたり,悪意のあるページへ導く。興味を引くような文章であっても,知らない相手からのメールは無視することが大切である。

電子メールを利用する際の注意点を下記にまとめると,以下のようである。

表1.2.1 メールを利用する際の注意点

注意点	説明
必ず届くとは限らない	電子メールはメールサーバを通じて送信される。そのため,サーバが故障した場合など,メールが届かない場合が稀に発生する。また,メールが届くまでにタイムラグが発生することもある。
知らない人からのメールを開かない。知人からのメールでも,添付ファイルには注意	メールを利用したウイルスが多く存在する。ランダムにメールを送りつけて,ウイルスを感染させることがあるため,知らない人からのメールは開かないようにする。また,知人からのメールであっても,その知人がウイルスに感染していることを知らずにメールを送信している可能性もあるので,知人からのメールでも,添付ファイルには注意を払う必要がある。また,送信者を偽ってメールを送信することも可能である。知人からのメールのようでも注意が必要となる。
メールは他人が覗き見できる	メールの文章は,インターネットを通って相手に届く。インターネットは誰もが利用できるネットワークであるので,高度なテクニックによって,あなたのメールも覗き見される可能性がある。暗号化等の対策を講じることもできるが,第三者に絶対に見られては困る内容は送らないようにする方がよい。
メッセージの容量(添付ファイルの容量)に注意する	相手のメールボックスにより,メールボックスのサイズが限られている。大きなメールを送ってしまうと,相手が他のメールを受信できなくなることがある。1MBを越えるようなメールを送る場合は,相手に一度確認してからメールした方がよい。
TO(宛先),CC(カーボン・コピー),BCC(ブラインド・カーボン・コピー)を使い分ける。	TO,CC,BCCの意味を理解し,正しく使い分けること。 ■TO:メールを送る相手のアドレスを指定する。複数のアドレスを指定することもできる。 ■CC:CCに入れた人にも同じメールが届く。宛先として送った人のほかに,メールを読んで欲しい人のアドレスを入れる。 ■BCC:BCCに入れた人にも同じメールが届く。TO,CCに入れた人には,BCCの人にもメールが送られていることはわからない。複数の人に送る場合,TOやCCには,他の受信者のアドレスがわかるが,BCCのアドレスの人は,他の受信者のアドレスがわからない。そのため,アンケート等で不特定多数の人に一斉に送信する場合には,自分のアドレスをTOに指定して,そのほかのアンケート対象者のアドレスをBCCに指定する。 ※返信が欲しい人はTOに,TO以外の人で読んで欲しい人をCCに,BCCは特殊なケースと理解しておけばよい。

・**URLとは**
URLとは「ユニフォームリソースロケータ」の略称で,インターネット上のホームページ等のアドレスを表す。

・**フィッシングとは**
フィッシングとは,電子メールの本文に記述されたリンクをクリックさせて悪意のあるページに導き,偽物の商品を購入させたり,偽のウイルス対策ソフトをダウンロードさせたり,ウイルス感染させたりする手法である。リンクをクリックした途端にプログラムが実行されてしまうこともある。

電子メールを使ったコミュニケーションでは、マナーも重要である。友人同士のメールでは、くだけた感じで用件だけを記述すればよいが、就職活動やビジネスではマナーが必須となる。

課題4

次のようなビジネスメールを送信してみよう。

```
○○株式会社第一営業部　△△様

お世話になっております。××です。
先日(4/3)の打ち合わせでは、お時間を頂きありがとうございました。
打ち合わせ時に課題となった商品デザインの件ですが、
今週中に見直して新しいデザイン案が完成する予定です。
つきましては、来週の前半で△△様のご都合のよろしい時間に再度打
ち合わせをさせて頂きたいと考えておりますがいかかでしょうか。
よろしくお願い致します。


以上です。
*****************************************************
□□株式会社第三技術部××
XXXXXX@XXX.co.jp
```

■ 練習 ■

1. 以下のような条件において、用件を伝えるメールの文章を考えてみよう。
   ① 就職を希望する企業の会社説明会に応募したが、連絡がなく、応募できているか確認したい。
   ② 応募した企業は、「○○株式会社」、部署は「人事部」で、担当者は、「田中博」氏である。
   ③ 会社説明会には、6月1日にホームページから応募した。

2. 次のような条件において、メールを送信したい。宛先はどのようにすればよいか考えてみよう。(ゼミのグループ課題提出)
   ① ゼミのグループ課題を先生に提出したい。
   ② グループ課題は、Aさん、Bさん、Cさん、Dさんの4人で共同で完成させた。
   ③ 最終的に完成したファイルはAさんが持っていて、Aさんから先生に提出する。
   ④ 提出したことを同時にBさん、Cさん、Dさんにも伝えたい。
   ⑤ 先生のアドレスは、teacher@xxx.co.jp、Aさんのアドレスは、a-san@xxx.co.jpとする。

まとめ ❗ 電子メールの利用における注意点

電子メールの利用に関する注意点について，情報倫理とセキュリティの視点でまとめると，次の通りとなる。

表1.2.2 電子メールの利用における注意点のまとめ

内容	説明
注意点	悪意のあるメールの受信(スパムメール，ウイルスメール，チェーンメール，フィッシングメール) アドレスを漏洩してしまう メール文章のマナー，ニュアンスが伝わらない
技術的対策	携帯電話では，迷惑メール拒否設定をする スパムフィルタを利用する ウイルス対策ソフトを導入する
トラブルを避ける行動	怪しいメール・身に覚えのないメールは開かない，返信しない メール送信前にアドレスのチェックをする メールのプロパティで詳細情報を確認する

1.2.3 情報発信について考えてみよう

(1) ブログ等の情報発信におけるトラブル

自分が情報発信者になった場合にも注意が必要である。ブログやTwitterを気軽に利用していないだろうか？ ブログやTwitterは情報の公開範囲を理解した上で，利用する必要がある。日々のブログの内容には，私的な情報や個人情報が公開されていることになる。

さらに，ブログやTwitterでは，日常のコミュニケーション以上に，マナーが大切である。相手の表情やその時の状況がわからないため，本来の意図と違うように誤解され，トラブルになることがある。

また，一度ブログやTwitterで発言した内容は，消せないと考えた方がよい。たとえそのブログの発言を削除したとしても，他の誰かが保存していたり，検索サイトのキャッシュに保存されていたりするからである。

(2) 匿名性と個人特定

インターネットは，匿名性はあるものの，ある程度は特定可能である。ネットワークに接続するデータはログとして一定期間保存されている。ネットワークに接続するパソコンは，IPアドレスというユニークな情報を持っているため，アクセスログ等からIPアドレスを辿り，発信元を調査することが可能である。つまり，インターネットを利用する際には，自分が情報を発信する側でも受信する側でも，注意が必要となる。問題があれば，調査の

・情報の流出
インターネット上に掲載することは，全世界にオープンにすることに等しい。したがって，個人情報やメールアドレス，写真に写っている顔，ブログに掲載された写真などを許可なくインターネットに発信すれば，私的使用から逸脱し，肖像権の侵害や著作権法などの違反行為となる。インターネットに掲載する内容が，公開されても問題がないデータや情報なのかを事前によく確認する必要がある。また，メールアドレスも個人情報であり，本人の許可を得ずに他人に教えてはならない。

ためにログは公開され，特定に至る。

ログという特殊な情報を使わなくても，断片の情報から個人を推測できてしまうケースもある。ブログに掲載したちょっとしたキーワードや，掲載した写真等から個人が推測される可能性もある。情報を発信するサービスを利用する場合は，情報の公開範囲を意識して利用することが重要である。

現在，ブログやSNSには，mixi, Amebaブログ, Twitter, Facebookなどさまざまなサービスがある。それぞれのサービスの提供元では，安全に利用するためのガイドラインやヘルプを掲載している。わかりやすいイラスト入りでそのサービスを利用する上での注意事項が記述されているので，確認してみよう。

> **課題5**
> 各種サービスの注意事項を調べてみよう。

＜操作方法＞

① mixi, Facebook, Ameba等のサイトを表示する。
② 表示したホームページから，「ヘルプ」「安心利用ガイド」「利用規約」等のページを探す。

以下はmixiの「個人情報の投稿について」というページ(http://mixi.jp/guide.pl?id=manner&page=3)の内容である(図1.2.6)。

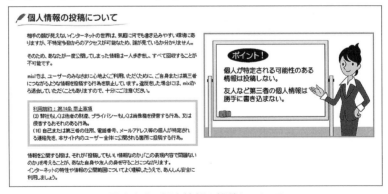

図1.2.6　個人情報の投稿について

一度インターネットに流出した情報は削除できないと考えてよい。検索エンジンは常にインターネット上を検索して，情報を収集・蓄積している。そのため，削除しても情報はどこかに残っている可能性がある。例えば，Googleの機能でキャッシュ機能がある。この機能により，すでに削除されたページの情報も見ることができる。

・**個人情報**
住所，氏名，電話番号，勤務先など個人を直接特定できる情報と，組み合わせて個人を特定できる情報をいう。

・**携帯電話からの投稿**では，位置情報まで含めて登録できるサービスもあるので注意しよう。

・**Facebook**のように，本名の公開が前提のサービスもある。このように，サービスによって方針が異なっている。どのサービスを利用する場合でも，日常生活の中でのコミュニケーションと同様に，しっかりとした考えを持って発言する必要がある。

課題6

情報キャッシュを見てみよう。

＜操作手順＞

① Googleのページを開く。
② 好きなキーワードで検索する。
③ 検索結果の右側の▼をクリックすると［キャッシュ］という箇所がある（図1.2.7）。クリックすると過去の情報が表示される。現在のページがすでに削除されていてもキャッシュのページには情報が残っていることがある。

図1.2.7　Googleのキャッシュを選択

まとめ (!) 情報発信における注意点

情報発信に関する注意点について情報倫理とセキュリティの視点でまとめると，以下の通りとなる。

表1.2.3　情報発信における注意点のまとめ

内　容	説　明
注意点	個人情報が漏えいする 個人が特定されてしまう 不用意な発言がトラブルを招く 不用意な発言がブログを削除しても，どこかに残っている
技術的対策	写真を掲載する場合には位置情報がないことを確認する
トラブルを避ける行動	情報の公開範囲を理解して利用する 個人を推測されないように情報に気をつける ヘルプやガイドラインに目を通す 発言に責任を持つ

・**位置情報**とは経緯度である。スマホなどで撮影した場合，位置情報通知の設定がされていると写真に経緯度の値が付与される。経緯度により撮影した場所が特定できる。

1.2.4 情報コンテンツやサービスの利用について考えてみよう

(1) コンテンツ・サービスと著作権

昨今,音楽や動画のデジタルデータがコンテンツとして販売され,容易に利用できるようになった。これらのコンテンツには,知的財産に相当するものが多く,著作権によってその権利が守られている。デジタルコンテンツには,DRMという仕組みで,不正コピーや利用を制限しているものもある。そのため,インターネット上にある情報には,次のような注意事項が書かれている場合が多い。

① ホームページに掲載されている情報は,日本国の著作権法および国際条約による著作権保護の対象である。
② 私的使用および引用等の著作権法上認められた行為を除き,無断で転載等をすることはできない。
③ 著作権法上認められた範囲で引用や転載をする場合は,出典を明記しなければならない。
④ 内容の全部または一部を無断で改変をすることはできない。

したがって,インターネット上から取得した情報やコンテンツを,授業のレポートや自分のブログ,SNSで引用する場合には,権利を侵害しないように気を付けなければならない。

授業におけるレポートや論文作成の場合,必要と認められる限度において,公表された著作物を複製することができる。ただし,レポートや論文等に引用する際には,引用元や著者名等を明記する必要がある。一例として,総務省の統計データを引用・転載する場合の出典の表記例を示す。

例1　調査結果やその解説文を引用する場合
- 資料：総務省「○○調査」
- 総務省「○○調査」より
- 「○○調査」(総務省統計局)より
- 総務省が○月○日に発表した○○調査によると…

例2　上記以外の場合
- 総務省統計局・政策統括官・統計研修所ホームページから転載
- 資料出所：総務省統計局・政策統括官・統計研修所ホームページ「統計学習の指導のために(先生向け)」
- 「なるほど統計学園」(総務省統計局等HP)から引用

また,自分の著作物に他人の著作物の一部を引用することは認められて

- **コンテンツ**とは「内容」という意味である。情報の中身のことで,音楽や動画,ホームページの内容等もコンテンツと表現する。

- **DRM** は Digital Rights Management の略。

- **知的財産権**
人間の知的な創造的活動により創りだされたものは知的財産と呼ばれ,さまざまな法律で他人が無断で利用できないように保護されている。この権利を知的財産権という。
おもな知的財産権は,産業財産権と著作権である。

- **産業財産権**
産業にかかわる知的財産であり,権利を取得するために申請や登録などの手続きが必要である。

- **著作権**
文化にかかわる知的財産であり,手続きは不要で,創作物が創られた時点で自動的に権利が付与される。

- **肖像権**
生存する人物の肖像や氏名などを,他人が許可なく公表することを禁ずる権利である。

いる。ただし，出典を明記するほかに，引用の必要性が明らかで，引用元が主，引用先が従の関係にあり，原文のまま「　」等で囲むなどして明確に区別しなければならない。

■フリー素材などの使用

写真や音楽，動画などでフリー素材と呼ばれ自由に使えるものがある。ただし，次の点に注意することが重要である。

- 提供者や提供機関により使用条件が異なるので確認する。
- レポートに使用したり，ブログなどに掲載したりする際には，第三者が見る可能性があるため，引用元や著作権について明記する。

■許諾を得ての使用

著作権を有する本人から許可を得て使用する。この時に気を付けるべきことを示す。

- 使用方法は許可を与える側の指示に従う。
- 一部でも勝手に変えてはならない。
- 人物が写っている写真の場合には，写真の著作者と写っている人物（肖像権）の両方の許諾が必要である。
- 異なる用途で使用する際には，あらためて許諾を得らなければならない。

■事例　写された側のレポートは著作権侵害

ある授業で提出されたレポートのうち，AさんとBさんのレポートが非常に似ている内容だったため，両名から事情を聞いたところ，AさんはBさんから執拗に頼まれてレポートを見せたことを告白した。処分内容の検討に際し，当初は，AさんはBさんより軽い処分にする雰囲気であったが，レポートを調べたところ，インターネット上にあった内容をコピーしていたことが判明した。両名とも試験においてカンニングペーパーを使用した不正行為と同じ重い処分となった。

・レポートや論文などが，インターネットや過去の提出物，文献などから不正な引用をしているかどうか判定を支援するソフトが市販されている。

■Bing イメージ検索におけるオンライン画像の取り扱い

Word や PowerPoint などでは，Bing イメージ検索を用いて，インターネットに公開されている素材を用いる。その場合，提供元のクリエイティブ・コモンズ（以降 CC と記す）ライセンスに従う必要がある。CC ライセンスとは，クリエイティブ・コモンズ（国際的非営利組織）が提供している国際的なライセンスであり，「この条件を守れば私の作品を自由に使って良いですよ」ということを表示するためのツールである。

CC ライセンスの種類

作品の利用のための条件は，以下の4種類である（表1.2.4）。

表1.2.4

アイコン	意味	アイコン	意味
表示	作品のクレジットを表示すること	非営利	営利目的での利用をしないこと
改変禁止	元の作品を改変しないこと	継承	元の作品と同じ組み合わせのCCライセンスで公開すること

・クレジット
クレジットとは，原作者のクレジット(氏名,作品タイトルなど)を意味している。

・CCライセンスについての詳しい説明
http://creativecommons.jp/licenses/

基本的なCCライセンスは，これらの条件を組み合わせてできており，全部で6種類ある。

ライセンス条件を指定した検索方法

CCライセンスと言っても，「クレジット表示」「営利目的利用不可」「改変不可」など，毎回ライセンスを確認するのは煩雑である。Googleの画像検索の検索ツールで条件を指定することにより，「改変後の再使用が許可された画像」や「再使用が許可された画像」などの条件を指定して，画像を検索することができる。画像の種類もクリップアートや線画，アニメーションなどを指定できる。このように，はじめにライセンス条件を指定して探すので，毎回ライセンス条件を確認する煩雑さを軽減することができる。

・フリー素材を提供しているサイトを探し，そのサイトが提供する画像を利用する方法もある。フリー素材などのキーワードで検索してサイトを見つけ，利用条件を確認しよう。

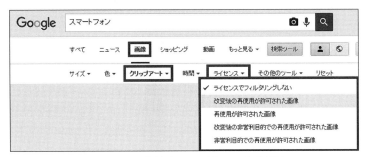

図1.2.8　画像検索でライセンス条件指定

■ 練習 ■

1．次のCCライセンスの著作物と，その利用方法が適切であるか考えてみよう。
　(1) [CC BY-NC] の画像を，クレジット表示をせずにレポートに使用した。
　(2) [CC BY-ND] の画像の色が用途に合わなかったので，画像の色だけ変えて，クレジット表示をして使用した。
　(3) [CC BY-SA] の画像の色が用途に合わなかったので，画像の色だけ変えて，クレジット表示をして [CC BY] として公開した。

2．以下に示すそれぞれの行為が，不正行為なのか，問題がない行為なのか考えよう。
　(1) 経済白書の統計データをグラフ化し，グラフだけをレポートで使用

・練習1の解答とヒント
(1) ×("表示"が指定されているので，クレジット表示が必要)
(2) ×("改変禁止"が指定されているので，色の変更はできない)
(3) ×("継承"が指定されているので，元の著作物と同じCCライセンスである必要がある)

した。
(2) 新聞記事にある写真をスキャナーで取り込んで, 引用元を記載して授業で提出するレポートに使った。
(3) 自分のホームページに, 他人のホームページの内容を取り込まないで, リンクだけを張った。
(4) サークルの集合写真を学内でのみ閲覧可能なホームページに掲載した。なお, 学外からは閲覧できないので全員から掲載の許可を得ていない。
(5) 他人が創作したデジタルコンテンツ作品を無断で自分のブログに掲載したが, このブログは許可した友人までしか閲覧できないように設定してある。
(6) 他人が創作したデジタルコンテンツ作品を無断で自分のブログに掲載したが, このブログは自分しか閲覧できないように設定してある。
(7) 友人を写した写真の背景に, 知らない一般の人が写っていた。その友人には許可をもらって, 自分のブログに掲載した。
(8) テーマパークのキャラクターの絵を©マークを付けて自分のブログに掲載した。
(9) クラス会を開くことになり, 連絡が取れなかった友人の電話番号が電話帳に掲載されていたので, クラスの皆がわかるように自分のホームページに掲載した。

・練習2の解答とヒント
(1) ×引用元の明示が必要
(2) ○
(3) ×
(4) ×
(5) ×
(6) ×
(7) ×
(8) ×
©マークは著作権の注意喚起のマークである。ただし, 表記はなくても該当すれば著作権は認められる。ちなみに®マーク(またはTM記号)は商標登録のマークである。
(9) ×

(2) ネットショッピングと情報の暗号化

インターネットのホームページで商品を購入したり, 銀行口座に振り込んだりすることができる。これらの商品の購入や金銭の授受が行われるホームページでは, 安全な取引のために, 通信の内容を暗号化し, さらにホームページを運営する会社や団体が実在することを, 民間の専門会社(認証局)に申請する。認証局はその会社や団体が実在し, SSL通信が行なわれていれば, その旨の証明書を発行する。ネットショッピング等で情報を入力する場合は, ホームページを提供している会社が正規に存在していること, SSL通信が使われていること, これら2つを確認することが必要である。

課題7

SSL通信のサイトを見て, SSL通信を利用したホームページとSSLを利用していないホームページを確認しよう。

＜操作手順＞
① ブラウザで, シマンテック・ウェブサイトセキュリティのホームページ

・tcpdump コマンドや, Wiresherk などのツールを使うと, ネットワーク上の通信の内容を見ることができる。
暗号化されていれば, 通信の内容を見られても, そのデータの意味まではわからない。

・**シマンテック・ウェブサイトセキュリティ**（旧日本ベリサイン）は, 認証局を務める代表的な会社である。2012 年にセキュリティソフトで有名なシマンテック社の傘下となった。

・安価な認証局では, 個人の申請に対しても証明書の発行が可能で, また, ホームページのアドレスが存在していることを認証するだけの場合もある。過信は禁物である。

・アドレスが http ではなく https となっているところに注目する。

・**SSL 通信**が行われていれば, 鍵のマークが表示されるはずである。

・鍵のマークはブラウザの種類によって異なる。

・証明書は有効期限があり, 有効期間切れの場合には, 正しく鍵のマークが表示されない。

・ショッピングサイトや, ネットバンキングのページ等, 通信の安全性が必要なホームページで SSL 通信が使われている

（https://www.jp.websecurity.symantec.com/）を開く（図 1.2.9）。
② 鍵のマーク 🔒 をクリックする（図 1.2.9）。
③ 表示された [Web サイトの認証] ダイアログボックスから [証明書の表示] をクリックする（図 1.2.9）（図 1.2.10）。

図 1.2.9　Web サイトの認証

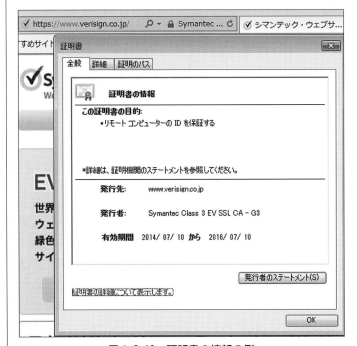

図 1.2.10　証明書の情報の例

■ 練習 ■

シマンテック・ウェブサイトセキュリティ以外で, SSL を使ったページを見つけてみよう。そして, その証明書を確認してみよう。どのようなページが SSL を使っているだろうか？

まとめ (!) 情報コンテンツ・サービスの利用における注意点

情報コンテンツやサービスの利用に関する注意点について, 情報倫理とセキュリティの視点でまとめると, 次の通りとなる。

表1.2.5 情報コンテンツ・サービスの利用における注意点のまとめ

分類	説明
注意点	著作権侵害 不正コピー ウイルス感染
技術的対策	ウイルス対策ソフト SSL通信
トラブルを避ける行動	著作権を意識する 利用許諾を読み理解する SSL通信の確認をする 怪しいサイトは閲覧しない

1.2.5 アカウントとファイルの管理について考えよう

　アカウントは本人であることを示す重要なもので、いわば印鑑や免許証である。アカウント・パスワードの共有は絶対にしてはならない。

　アカウントの管理とともにファイルの管理も重要である。デジタル化が進み、重要な情報はファイルとして保存することが多くなった。しかし、デジタル化したデータは、壊れる可能性がある。重要なデータは必ず二重にバックアップをしておくことが必要である。

　また昨今では、パソコン上に保存するのではなく、クラウドのサービスを利用して、インターネット上のサーバにデータを保存することも多い。持ち運び可能な保存媒体は、非常に便利であるが、紛失したり盗難にあったりしやすい。

・ちょっとファイルを見せるため等で簡単に教えてはいけない。そのアカウントでできる範囲はそのファイルを見るだけでなく、あなたの権利をすべて代行できることになる。
あなたに変わってメールを送信することもできるし、成績も見ることができる。

(1) アカウントの重要性

　IDとパスワードの重要性について考えてみよう。本人であることを確認することを「認証」という。コンピュータでは、本人であることの確認をIDとパスワードで行い、「IDとパスワードを知っている＝本人」であると認識される。したがって、IDとパスワードの取り扱いには細心の注意を払う必要がある。パスワードは絶対に他人に教えてはいけないし、誕生日や語呂合わせ等は、推測されてしまう危険がある。

　簡単なパスワードは解読されやすい。解読されやすいパスワードとは、組み合わせのパターンが少なく、パスワードが推測されやすいパスワードである。つまり危険なパスワードということになる。また、パスワードを忘れたり間違えたりすると、本人ではないと見なされ、コンピュータが利用できなくなる。もし忘れてしまった場合は、管理者に新しいパスワードに変更してもらう必要がある。

　パスワードの決め方の例として、以下のように短文の頭文字をパスワードにする方法がある。

| 例 | 「私は寿司とカレーが大好き。あと音楽も。」
↓
Watashi ha sushi to kare ga daisuki. Ato ongaku mo.
↓
WhstkgdAom.

課題8

利用しているアカウントのパスワードを変更してみよう。

・この例では，数字は使っていないが，数字もパスワードに入れたほうがよい。

パスワードを変更した場合，次回からは変更したパスワードでログインすることになるので，変更したパスワードはくれぐれも忘れないようにすること。

・初めてアカウントが配布されたときには，初期パスワードが設定されている。初期パスワードは必ず変更すること。

＜操作手順＞
① ［Ctrl］＋［Alt］＋［Delete］キーを押す。
② 表示された画面で「パスワードの変更」を選択してクリックする。
③ 今まで使っていたパスワードと，新しいパスワード（2回）を入力する。
④ 確認のため，一度ログオフして，再度ログインする。

・パスワードには，意識的に数字や大文字を入れたり記号を入れるようにしよう。

・2回入力するのは，タイプミスしたパスワードを登録してしまわないための確認用である。
・新しいパスワードで再度ログインし，変更を確認する。

■ 練習 ■

1. パスワードの例を解読されやすい順（危険な順）に並べてみよう。
   dlkjmbiaeb   loPs(93bji   SecretWord   4045967122
   dpbu4nmpwl   4045967   ib8iAGeRaB
2. パスワードについて他に注意することがないか考えてみよう。
   他に注意する点／安全にするために工夫できる点がないか考えてみよう。

（2）ファイルの管理

ファイルの管理も重要である。ファイルをも守るためには暗号化とパスワードを付与する方法がある。

練習1の解答：
・4045967：数字だけのためこの中では最も危険。
・4045967122：桁数が多い方が安全だが，数字だけでは危険。
・SecretWord：数字より，アルファベットの方が安全だともいえるが，意味のある単語は非常に危険。辞書，事典の類に掲載されている言葉はすべてパスワード破りに使われる基本であり危険。
・dlkjmbiaeb：アルファベットでも意味のないものの方が安全。
・dpbu4nmpwl：アルファベットだけより数字が入った方がより安全。
・i8iAGeRaB：アルファベットに大文字・小文字があるとより安全。
・loPs(93bji：記号も入るとさらに安全。
・いずれも推測・総当りで調べることを困難にするための工夫である。

■ 練習 ■

圧縮ファイルにパスワード付与してみよう。
ZIP形式のファイルでは，パスワード付で圧縮することができる。パスワード付で圧縮してみよう。

まとめ ⚠ ファイルとアカウント管理における注意点

ファイルとアカウントの管理に関する注意点について，情報倫理とセキュリティの視点でまとめると次の通りとなる。

表 1.2.6

分類	説明
注意点	データの破壊 アカウントの漏洩
技術的対策	定期的なバックアップ クラウドにデータを保存 暗号化ソフトの導入・利用 スクリーンロックの設定
トラブルを避ける行動	バックアップする習慣をつける アカウントを教えない，共有しない，聞かない 複数のサービスで同じパスワードを設定しない

● 情報倫理についてさらに学びたい人のために参考 URL
 (1) IPA（独立行政法人情報処理推進機構）ホームページ
  　情報セキュリティ対策
  　http://www.ipa.go.jp/security/measures/
 (2) 警察庁セキュリティポータルサイト
  　http://www.npa.go.jp/cyberpolice/
 (3) 警察庁情報セキュリティ広場
  　http://www.keishicho.metro.tokyo.jp/haiteku/
 (4) 文化庁ホームページ　知的財産権について
  　http://www.bunka.go.jp/chosakuken/chitekizaisanken.html
 (5) 文化庁ホームページ　著作権
  　http://www.bunka.go.jp/chosakuken/
 (6) 公益社団法人著作権情報センター
  　http://www.cric.or.jp/
 (7) 早稲田祐美子, 「そこが知りたい著作権 Q&A100」, 公益社団法人著作権情報センター, 2011
 (8) 総務省統計局・政策統括官・統計研修所　引用・転載について
  　http://www.stat.go.jp/info/riyou.htm

練習2の解答例：
1．定期的に変更する
2．異なるサービス（学校のパスワードとフリーメールのパスワード等）で同じパスワードを利用しない
3．スクリーンロックをする

・スクリーンロック
パソコンから離れた隙を狙って，他人のパソコンからデータを盗む手法がある。このような手法から守るために，席を離れるときはスクリーンロックを設定すること。

1.3 コンピュータの基礎知識

1.3.1 いろいろなコンピュータ

　私たちが一般にいう「パソコン」とは，パーソナルコンピュータの略称である。パーソナルコンピュータ以外にも，コンピュータにはいろいろな種類がある。ここでは，コンピュータの種類について学ぶ。普段目にするコンピュータだけでなく，さまざまなコンピュータによって高度な生活が成り立っている。

表1.3.1　いろいろなコンピュータ

種　類	説　明
パーソナルコンピュータ	私たちが一般に利用するコンピュータ。「パソコン」と呼ばれる。
汎用機	事務処理や科学技術計算まで，あらゆる処理に利用可能な大型のコンピュータ。1964年にIBM社がSystem/360を発表。汎用機は非常に大型であり「メインフレーム」とも呼ばれる。
スーパーコンピュータ	CPUのパイプラインや，ベクトル化などの高速化技術を採用しているコンピュータ。宇宙開発等の非常に膨大な処理が必要な場合に使用されている。「スパコン」と呼ばれる。
マイクロコンピュータ	自動車や家電等に組み込まれるコンピュータ。「マイコン」と呼ばれる。

・スーパーコンピュータ「京」
「京」は日本の文部科学省・理化学研究所を主体として開発されたスーパーコンピュータである。
2011年6月，11月にTOP 500リストの首位を獲得。

課題1

Googleイメージ検索を利用して，コンピュータの種類を調べよう。

＜操作手順＞

① ブラウザ(Internet Explorer)を起動する。
② Internet Explorerのアドレスバーに GoogleのURLを入力する(http://www.google.co.jp)。するとGoogleのトップページが表示される。
③ [画像]をクリック。イメージ検索のページへ移動する。
④ キーワード(スーパーコンピュータ等)を入力し，(イメージ検索)ボタンをクリックする。
⑤ 検索結果に，キーワードに関連する画像が表示される(図1.3.1)。

・ブラウザは，ホームページを閲覧するソフトである。

・デスクトップにある Internet Explorer(IEと呼ばれる)が代表的である。

・キーワードには，スーパーコンピュータやマイクロコンピュータ等を入力してみよう。

図1.3.1 スーパーコンピュータの画像検索結果

■ 練習 ■

次のキーワードでも検索してみよう。
デスクトップ, ノートブック, Windows, Linux, iPhone, Android 等

1.3.2 ハードウェアとソフトウェア

コンピュータは, 基本的に以下のようなハードウェアとソフトウェアから構成される。

- **ハードウェア**
  コンピュータを構成している部品や回路, 周辺機器などの物理的な物や装置のこと。
- **ソフトウェア**
  ハードウェア上で動くプログラムの集合。ハードウェアに対する複数の命令やデータで構成される。

ハードウェアは, 物理的な物や装置である。コンピュータは, すべての演算処理や仕事を電気的な信号で行っている。私たちがコンピュータを用いて仕事をする場合, ハードウェアだけでは使用できない。人間からの指示をコンピュータに伝達したり, コンピュータが演算処理した結果を表示することが必要となる。そのような人間からの入力(キーボード等から)／出力(ディスプレイ等に)を, コンピュータへ「命令」として伝え, さらに, 仕事の指示をする命令の集合をプログラムという。ソフトウェアは, このプログラムの集合である。コンピュータは, 何らかのソフトウェアをコンピュータに導入(インストール)することによって, 初めて使用することがで

・人間からの操作は, 入力装置(マウスやキーボード)でコンピュータへ伝達する。
コンピュータからの結果は, 出力装置(ディスプレイやスピーカ等)で表現する。

・OSやアプリケーションを導入することをインストールという。逆に, 不要になったソフトウェアを取り除くことをアンインストールという。

きるようになるのである。

> ■ 練習 ■

次の用語をハードウェアとソフトウェアに分類しよう。
マウス, Windows, ディスプレイ, ウイルス対策ソフト
ブラウザ(インターネット閲覧ソフト), キーボード
メールソフト, タッチパネル

1.3.3　OS(オペレーティングシステム)とアプリケーションソフト

　コンピュータを利用するためには,ソフトウェアが必要である。そのなかでも汎用的で基本的な機能を持つソフトウェアを基本ソフトウェア(OS：オペレーティングシステム)という。OSはアプリケーションソフトとハードウェアを接続するクッションの役割を担う。

- **オペレーティングシステム(基本ソフトウェア)**
　キーボードやマウスの操作や画面出力といった入出力機能, ディスクやメモリの管理等, コンピュータの基本的な機能を提供するソフトウェア。多くのアプリケーション上で, 共通に利用される基本的な機能を提供する。

- **アプリケーション(応用ソフトウェア)**
　ワープロソフトや表計算ソフト, 画像編集, ホームページ作成など, ユーザーが目的に応じて使うプログラムの集合。「アプリ」とか「ソフト」とか, 単に「プログラム」等と呼んだりする。

　ハードウェアは, 各製造メーカーによって構造や仕組みが異なる。そのため, さまざまなハードウェア上で直接動作するようにアプリケーションを作成するのは, 非常に煩雑で困難である。OSは, このハードウェアの差を吸収し, アプリケーションへの影響を最小限にする。すなわち, ハードウェアとアプリケーション間で, OSがクッション役となって差を吸収することにより, アプリケーションはハードウェアの違いを意識することなく動作することができるのである。
　ハードウェア／OS／アプリケーションの関係を図で表すと, 図1.3.2のようである。

練習の答え
・ハードウェア
マウス, ディスプレイ, キーボード, タッチパネル
・ソフトウェア
Windows, ウイルス対策ソフト, ブラウザ(インターネット閲覧ソフト), メールソフト

・Windows7はオペレーティングシステムである

・Word, Excel, PowerPointは, アプリケーションソフトである

・ハードウェアが異なると異なる命令が必要となることがある。この場合, OSがなければ異なる命令の数だけプログラムを変更しなければならない。

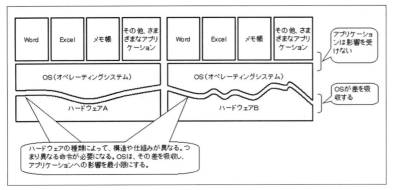

図1.3.2 ハードウェア/OS/アプリケーションの関係

(1) OSの種類

パソコンでよく利用されるOSは,以下のとおりである。

表1.3.2 代表的なOS

名称	説明
Windows	一般家庭で広く利用されているOS。マイクロソフト社製のOSである。バージョンにより名称が付けられ,以下のような種類がある。 ・Windows7, Windows8.1, Windows2010
Mac OS	アップル社製のMacintosh(マッキントッシュ)用OS,iMac(デスクトップ)やMacBook(ノートブック)に使われている。
Linux	フリーのOS(GPLというライセンス体系)。全世界のボランティアの開発者によって作成された。近年では,企業のサーバとしても使われている。一般的に本体部分のカーネルに加え,ドライバやアプリケーションをセットにした「ディストリビューション」という形で提供される。ディストリビューションの種類には,次のようなものがある。 ・Ubuntu, RedHat, Debian, Fedora
iOS	スマートフォン用のOS。iPhoneに搭載されている。
Android	スマートフォン用のOS。Linuxがベースになっている。

課題2

インターネットを利用して,OSやアプリケーションに関する用語を調べよう。次のようなキーワードを検索する。
Windows, Mac, Linux, バージョン, アップグレード,
ダウングレード, プレインストール, インストール, アンインストール

・フィーチャーフォンと呼ばれる通常の携帯電話にも別のOSが搭載されている。

■ 練習 ■

次の用語をオペレーティングシステムとアプリケーションに分類しよう。

Android, ブラウザ(インターネット閲覧ソフト), iOS
Windows7, タイピング練習ソフト, Linux, メールソフト, MacOS

(2) コマンドプロンプト

コマンドプロンプトは，Windows 上でコマンドによる命令を行なうソフトウェアである。コンピュータは，人間からのインプットされた命令を受け取って，指定された動作をする。通常 Windows では，画面上のオブジェクトをマウスを使ってビジュアルに操作することができる。このようなビジュアル的なインタフェースをグラフィカルユーザインタフェース(GUI)と呼ぶ。インタフェースとは，コンピュータと人を仲介する部分・モノを指す。これに対して，コマンドプロンプトは，文字列をキーボードから入力することで，コンピュータに命令を送る。このようなインタフェースを GUI に対して，キャラクタユーザインタフェース(CUI)と呼ぶ。

課題3

コマンドプロンプト(CUI)を利用して，コンピュータに命令を送ってみよう。

＜操作手順＞

① コマンドプロンプトを起動する。
② メモ帳をコマンドで起動する(start notepad と入力して[Enter]キーを押す)。
③ 電卓をコマンドで起動する(start calc と入力し，[Enter]キーを押す(図1.3.3))。
④ 現在の時刻を表示する(time と入力し，[Enter]キーを2回押す)。
⑤ ディレクトリ構成を表示する(tree と入力し，[Enter]キーを押す)。
⑥ 終了する(exit と入力し，[Enter]キーを押す)。

・練習の答え
・オペレーティングシステム：Android, Windows7, iOS, Linux, MacOS
・アプリケーション：ブラウザ(インターネット閲覧ソフト), タイピング練習ソフト, メールソフト

・例えば，ディスプレイは，コンピュータの計算の結果を人間に見えるように表現するインタフェース(コンピュータからのアウトプット)である。マウスは，人間の操作をコンピュータに伝えるインタフェース(コンピュータへインプット)である。キーボード・プリンタ・マイク・スピーカー・タッチパネルもインタフェースといえる。

・近年のソフトウェアはGUIによる操作が一般的であるが，古くはCUIが一般的であった。

・time というコマンドは，時間の設定ができる。ここでは時間の設定はしないので，2回[Enter]キーを押す。

図1.3.3　コマンドプロンプトでのコマンドの実行結果

(3) アプリケーションブラウザ

　ブラウザは，ホームページを閲覧するソフトである。一般に利用されるブラウザは，以下のとおりである。それぞれのブラウザは，操作性や動作環境は異なるが，基本的な機能は同じである。ブラウザは，インターネットで情報を収集するための非常に便利なアプリケーションであるが，ウイルスや情報漏えいの原因になるという側面も併せ持っている。

・ホームページはサイトとも呼ぶ。

・不正なプログラムがブラウザ経由で，使っているコンピュータにインストールされる場合がある。ウイルス対策ソフトを導入し，怪しげなホームページは閲覧しないことが重要。

表1.3.3　代表的なブラウザ

名　　称	説　　明
Internet Explorer	マイクロソフト社製のブラウザ。Windowsに標準でインストールされている。
Firefox	最近流行のブラウザ。
Safari	アップル社のブラウザ。Macに標準でインストールされている。
Google Chrome	Google社製のブラウザ。
Opera	携帯電話のPCブラウザとしても搭載されている。

(4) アプリケーション　オフィスソフト(オフィススイート)

　ビジネス等で利用するいくつかのソフトをまとめて，オフィスソフト(オフィススイート)と呼ぶ。一つのアプリケーションソフトを指すのではなく，例えば文書作成，表計算およびプレゼンテーション等のソフトを一括し，総合した呼び名である。マイクロソフト社のMS-Officeがオフィスソフトとして広く利用されているが，近年では無料で提供されているフリー

のオフィスソフトも注目を集めている。

表1.3.4　代表的なオフィスソフト

名　称	説　明
Microsoft-Office	マイクロソフト社のオフィスソフト。（文書作成…Word, 表計算…Excel, プレゼンテーション…PowerPoint）
JustSuite	ジャストシステム社（日本）のオフィスソフト。（文書作成…一太郎, 表計算…三四郎, プレゼンテーション…Agree）
OpenOffice	OpenOffice.org によるオフィスソフト。GNU LGPL の基でフリー（無償）で公開されている。（文書作成…OpenOffice.org Writer, 表計算…OpenOfice.org Calc, プレゼンテーション…OpenOfice.org Impress）
GoogleDocs	Google 社の提供するブラウザ上で利用する文書, スプレッドシート, 図形描画, プレゼンテーションのソフト。無料で提供されている。複数のユーザーによって同時に同じファイルを編集することが可能である。

・ジャストシステム社は, ATOK（エイトック）という有名な日本語入力(IME)ソフトを提供している。ATOK は, スマートフォン等にも利用されている。

・IME(Input Method Editor)とは, 入力支援／変換のソフトである。日本語や韓国語／中国語のような言語では, 文字が多いので, このような入力支援のソフトが必要となる。

(5) 互換性とバージョン情報

　ハードウェアとソフトウェアには, 互換性という概念がある。あるメーカーのゲームソフトが別のメーカーのゲーム機で動作しないように, コンピュータでも同様の現象が起きる。あるオペレーティングシステム（OS-1とする）上で作動していたソフトウェアが, 別のオペレーティングシステム（OS-2）上でも作動するとき, OS-1 と OS-2 は共にソフトウェアに関して「互換性がある」という。逆に作動しないことを「互換性がない」という。

　バージョンとは, 版という意味である。書籍にあたる第何版と同じように, ソフトウェアの機能向上や不具合を修正した際に, バージョンの数字を増やして表現する。互換性は, ハードウェアとソフトウェアの関係だけではない。OS とアプリケーション間やアプリケーション間同士でも存在する。例えば「動作環境：Windows7／8.1」と記述してあるソフトウェアは, Windows7 と Windows8.1 で動作するということを意味する。また, 特定のバージョン同士でのみ不具合が発生する等の特殊なケースもある。

・近年では, 仮想化技術が発達し, ハードウェアと OS の互換性を吸収することが可能。特殊なソフトウェアを導入しアップル社製のパソコンで WhdowsOS を動かすことなどが可能になっている。

・パッチとサービスパック
ソフトウェアの不具合（バグ）を修正するプログラムをパッチと呼ぶ。パッチをある程度の単位でまとめたものをサービスパックという。

・ブラウザ, メモ帳, Word／Excel 等の一般的なソフトウェアのバージョンは, メニューバーの[ヘルプ(H)]→[バージョン情報(A)]を選択することで確認できる。

> **課題4**
>
> 自分の使っている OS やブラウザ(Internet Explorer)のバージョンを調べてみよう。

＜操作手順＞
　OS のバージョンの確認方法は, 次の2通りである。

● 方法1

[Windows]キーを押しながら,[R]キーを押し,表示されたダイアログで,winverと入力し[OK]をクリックする。

● 方法2

[スタートボタン]をクリック。さらに,[コンピュータ]を右クリック。表示された一覧から[プロパティ]を選択する。

以下の図はWindows7のバージョン情報(図1.3.4)とExplorerのバージョン情報(図1.3.5)を示したものである。

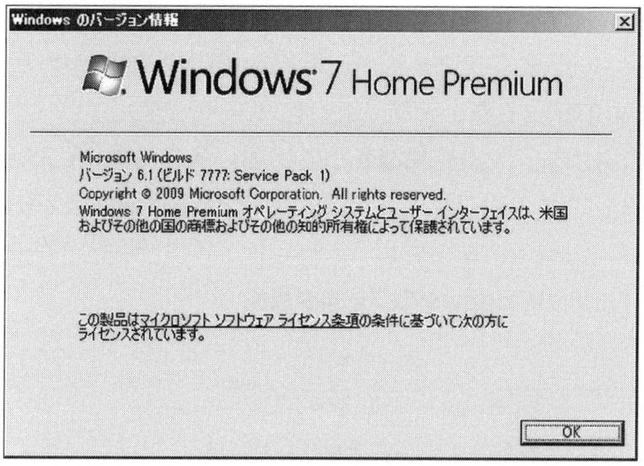

・[スタート]メニューから[プログラムとファイルの検索]にwinverと入力しても可

図1.3.4　Windows7のバージョン情報

・[Windows7]がOSの種類
・[Home Premium]がエディション
・[バージョン6.1]がバージョン
・[Service Pack 1]がサービスパック

図1.3.5　Internet Explorerのバージョン情報

■ 練習 ■

次のOSとアプリケーションの組み合わせで,互換性があり,動作可能なOSとアプリケーションの組み合わせを考えてみよう。動作するアプリケーションは1つとは限らない。

● オペレーティングシステム

　A：Windows7
　B：Linux
　C：MacOS

・練習の答え
・オペレーティングシステムAと,アプリケーション イ,ハ
・オペレーティングシステムBと,アプリケーション ロ
・オペレーティングシステムCと,アプリケーション ハ

● アプリケーション
イ：動作環境「Windows7」文書作成ソフト
ロ：動作環境「Linux」のゲームソフト
ハ：動作環境「Windows7/MacOS」ファイル圧縮ソフト

(6) Windowsのフォルダ構成とファイルの保存

　コンピュータにおいて,データを保存する場所や装置を記憶装置(メモリ)という。一般的なパソコンは,ハードディスクという記憶装置にデータを保存する。ハードディスク上でのデータの保存は,階層構造を成している。この階層を構成している要素をフォルダと呼ぶ。その階層構造や,保存したデータを見るためのソフトウェアが,エクスプローラである。
　Windowsでは,次のようなフォルダ構成をしている。各フォルダには,一定の定められたルールに従ってファイルやプログラムが格納されている。

表1.3.5　Windowsのフォルダ構成

名　称	説　　明
デスクトップ	ログイン後,すぐに表示される画面(デスクトップ)を表すフォルダ。このフォルダに入れたファイルは,他のユーザからはアクセスできない。
ドキュメント	自分で作成したファイル(ドキュメント)を保存するフォルダ。このフォルダに入れたファイルは,他のユーザからはアクセスできない。
ごみ箱	削除したファイルが一時的に保存されているフォルダ。削除したファイルも空にするまでは,ごみ箱の中に残っている。
コンピュータ	利用しているコンピュータのすべてのフォルダ。ファイルが表示される。すべてを含むので,デスクトップやドキュメントもコンピュータの中にある。
ネットワーク	利用しているコンピュータが接続できる他のコンピュータが表示される。ネットワークを通じて,ファイルを共有したりすることができる。
ダウンロード	ブラウザ等でダウンロードしたファイルが格納される場所。

課題5

利用しているコンピュータのフォルダ構成を,エクスプローラで確認しよう。

　エクスプローラは,コンピュータにあるファイルやフォルダ構成(ディスクの内容)を見るためのソフトである(図1.3.6)。
　エクスプローラで見ると,[コンピュータ]の箇所に「Windows7_OS

(C:)」とある。これは，1つのハードディスクである。コンピュータに複数のハードディスクが存在する場合は，複数表示される。

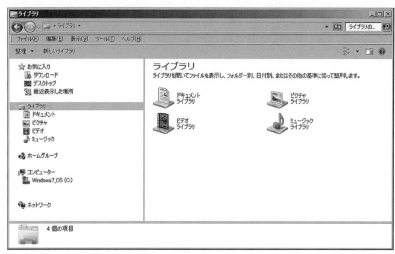

図1.3.6　コンピュータのフォルダ

■ 練習 ■

1. エクスプローラを開いて，次のフォルダを見つけよう。
   ドキュメント，　ネットワーク，　コンピュータ
   ダウンロード，　デスクトップ，　ネットワークドライブ
2. エクスプローラを開いて，フォルダを作成してみよう。
   ① デスクトップに「練習　フォルダ作成1」
   ② ドキュメントフォルダに「練習　フォルダ作成A」「練習　フォルダ作成B」
   ③ 作成した「練習　フォルダ作成A」の中に「フォルダ1」「フォルダ2」「フォルダ3」

1.3.4　Windowsに付属しているソフトを使ってみよう

Windowsに標準で付属しているソフトウェアを利用してみよう（表1.3.6）。これらのソフトウェアは，基本的な機能しか備わっていないが，簡単な文書作成や画像編集であれば，比較的容易に使うことができる。

・(C:)のところを，ドライブレターという。「シードライブ」と呼ぶ。

・複数存在すると通常は，C，D，Eとドライブが増えていく。

・練習1
ネットワークドライブとは，ネットワーク上にある他のコンピュータを擬似的にハードディスクと同様に利用できるようにするためにする機能である

・練習2
・エクスプローラの開き方には，以下のような方法がある。
①[スタート]ボタン→[コンピュータ]をクリック。
②[スタート]ボタンを右クリック→[エクスプローラを開く(P)]をクリック。
③画面下のタスクバーのエクスプローラボタンをクリック。

・ドキュメントに新しいフォルダを作成するには以下のような方法がある。
①[エクスプローラ]の左側（ナビゲーションウィンドウ）の[ドキュメント]をクリック→ツールバーの[新しいフォルダー]をクリック

②[エクスプローラ]の左側（ナビゲーションウィンドウ）の[ドキュメント]を右クリック→[新規作成]→[フォルダー]をクリック。

・フォルダーの名前の変更
対象となるフォルダを右クリック→表示されたメニューから[名前の変更]をクリック。

表1.3.6 標準で付属しているソフトウェア

名　称	説　明
エクスプローラ	フォルダの中身を見たり，ファイルやフォルダの操作（新規作成・コピー・切り取り）をすることができる。
ペイント	画像を編集するソフト。
電卓	簡単な計算をするソフト。
メモ帳	文書を入力・作成するためのテキストエディタである。Wordのような高機能な文書作成・編集用ソフトとは異なり，画像や罫線などのレイアウトに関する機能は備わっていない。そのため，作成したファイルは，ファイルサイズが比較的小さい。
サウンドレコーダー	音声を再生したり，録音したりすることができるソフト。
ワードパッド	Word程ではないが，簡単な文書作成ができる。
コマンドプロンプト	コマンドを直接実行するソフト。CUI（キャラクタユーザインタフェース）である。

・**テキストエディタ**は，「テキストファイル」と呼ばれる文字だけの情報を持つファイルを操作することができる。

・**バイナリファイル**
文字だけの「テキストファイル」に対して，画像や音声などの文字以外の情報を持つことのできるファイルを「バイナリファイル」と呼ぶ。

課題6

メモ帳を使って，簡単な文字を入力し，ファイルに保存しよう。また保存したファイルを再度開いてみよう。

・**メモ帳の起動**
[スタートボタン]→[すべてのプログラム]→[アクセサリ]→[メモ帳]の順にクリックする。

＜操作手順＞
① メモ帳を起動する。
② 任意の文字を入力する。
③ ファイルとして，名前を付けて保存する。保存先はドキュメントを指定する。
④ メモ帳を終了する。
⑤ 保存したファイルを開く。まずドキュメントフォルダを開く。
⑥ ③で保存したファイルを，ダブルクリックして開く。

・**⑤保存の確認**
・正しく保存できていれば，ドキュメントフォルダにファイルがあるはずである。

■ 練習 ■

今度は，メモ帳でファイルを作成し，「デスクトップ」に保存してみよう。さらに，デスクトップに保存したファイルを開いてみよう。

また，ファイルの名前を変更してみよう。ファイルの名前を変更するには，ファイルを選択し，右クリックで表示されるメニューから[名前の変更(M)]を選択して行う。

・**ファイル名の変更**
・ファイルの名前の変更は，他にも次のような方法がある。
①ファイル名が選択された状態（ファイル名が青く選択され，文字が白の状態）で，もう一度，ファイル名をクリックする
②ファイルが選択された状態で，F2を押下する。
※F2のFはファンクションキー（Function）のFである

課題7

ペイントを使って絵を描いてみよう。

ペイントは，画像を作成・編集するためのソフトウェアである。ペイントは基本的なソフトウェアであるが，簡単な図であれば，十分描くことができる。ペイントを使って，簡単な絵を作成し保存してみよう。

・ペイントの起動
[スタートボタン]→[すべてのプログラム]→[アクセサリ]→[ペイント]の順にクリックする。

<操作手順>
① ペイントを起動する。
② 色塗りをしてみよう。起動したペイントの左側に表示されているツールアイコン(鉛筆，塗りつぶし，図形)の中から好きなアイコンを選択して，絵を描くことができる。例えば，「鉛筆」は，線をドラッグして描くことができる。線の色は，下側にあるカラーパレットから選ぶ。
③ 色の選択を行おう。色の選択には，スポイトの形をしたアイコンを利用する。
④ 文字列の入力を行おう。「A」というアイコンを利用する。
⑤ 作成した画像を保存して，終了する。

表1.3.7 ペイントの機能

機能	説明
鉛筆	細い線で線を描く。
塗りつぶし	囲まれている範囲を同じ色で塗りつぶす。
テキスト	文字を入力できる。
ブラシ	ブラシの種類を選択できる。クレヨンやエアブラシを選択できる。
図形	さまざまな図形を描くことができる。中を塗りつぶして線を引くこともできる。線の色や太さを変更できる。
色の選択	クリックした箇所の色を選択することができる。
消しゴム	描いた図を消す。
回転	指定した範囲の図を回転する。
傾き	指定した範囲の図を傾ける。

■ 練習 ■
ペイントで作成したファイルをメモ帳で開いてみよう。どのように見えるだろうか？

<操作手順>
① [スタート]ボタン→[プログラム]→[アクセサリ]→[メモ帳]をクリックしてメモ帳を起動する。
② 開いたメモ帳に，課題で保存した画像ファイルをドラッグ＆ドロップする。

・メモ帳で作成したファイルは，文字情報だけのテキスト形式である。ペイントで作成したファイルは，文字以外の情報を持つバイナリ形式である。
バイナリ形式のファイルは，その形式を理解できるソフトウェアを使わないと利用することができない。

(1) ファイル形式と拡張子

ファイル形式と拡張子について理解しよう。それぞれのアプリケーショ

ンで, 扱うことのできるファイル形式(ファイルの種類)は異なる。

例えば, ペイントでは, テキストファイルを扱うことはできないし, 逆にメモ帳では, 画像ファイルを扱うことができない。拡張子とは, ファイルの名前(ファイル名)の末尾に付けられた文字列であり, 通常2〜4文字のアルファベットで示される。拡張子は, ファイルの種類やファイルの性質を識別するための表示である。代表的なファイル形式と拡張子の一覧を示すと, 以下のとおりである。

表1.3.8 代表的なファイル形式と拡張子一覧

ファイル形式	拡張子	アプリケーション
テキスト形式	txt	メモ帳等
リッチテキスト形式	rtf	ワードパッド等
ビットマップ形式 画像フォーマットの形式の1つ。	bmp	ペイント等
JPEG(ジェイペグ)形式 画像フォーマットの形式の1つ。最高1677万色。圧縮効率は高いが,「非可逆圧縮」である。	jpg	Adobe Photoshop, Paint Shop 等
GIF(ジフ)形式 画像フォーマットの形式の1つ。最高256色。複数のGIFファイルをまとめて連続表示することにより, アニメーションさせるアニメーションGIFという形式がある。	gif	Adobe Photoshop, Paint Shop 等
PNG形式 画像フォーマットの形式の1つ。JPEGやGIFはライセンス料が発生する圧縮形式だが, ライセンス料のいらないdeflaJon方式を採用している。	png	Adobe Photoshop, Paint Shop 等
PDF形式 アドビ社の電子文書のためのフォーマット。電子的に配布する文書の標準的な形式。	pdf	Adobe Acrobat Reader Adobe Acrobat
Word文書形式 ※旧形式では, doc という拡張子	docx	Microsoft Word
Excel文書形式 ※旧形式では, xls という拡張子	xlsx	Microsoft Excel
PowerPoint文書形式 ※旧形式では, ppt という拡張子	pptx	Microsoft PowerPoint

・拡張子が表示されていない場合は, 設定を変更する必要がある。拡張子の表示/非表示の設定は, フォルダオプションで,「登録されている拡張子は表示しない」のチェックをはずす。

・この表以外にも, さまざまなファイル形式がある。拡張子辞典というホームページで調べることができる。

■ 練習 ■

メモ帳で作成した文書の拡張子(txt)をペイントの拡張子(bmp)に変更してみよう。変更したファイルをダブルクリックするとどうなるであろうか?

(2) 圧縮と解凍

ファイルの圧縮・解凍とは，ファイルのサイズを小さくしたり，元のサイズに戻したりすることである。また，圧縮には，いくつかのファイルを１つにまとめるアーカイブ作成機能もある。圧縮・解凍を行うには，通常，圧縮解凍用のソフトウェアを用いる。

- **圧縮**

    「圧縮」とは，ファイルサイズの大きなデータやプログラムを持ち運び(通信)に便利なようにサイズを小さく変換すること。

- **解凍**

    「解凍」とは圧縮したファイル等を元の状態に戻すこと。圧縮・解凍する方法には，多くの形式があるが，Windowsでの代表的な形式として次の２種類がある。

表1.3.9　代表的な圧縮形式

圧縮形式	拡張子	説　　明
ZIP形式	zip	最もよく利用される圧縮形式。世界共通で，パスワード付圧縮等の機能もある。
LZH形式	lzh	日本製の圧縮形式。日本では，ZIP形式と並びよく利用されていたが，最近ではあまり使われない。

この他に自己解凍方式(exe)がある。普通のプログラムのように実行すると，自動的にファイルが解凍される。

課題8

ファイルを圧縮・解凍して，ファイルサイズを確認してみよう。
1．ファイルを圧縮してみよう。ファイルサイズはどうなるか？
2．ファイルを解凍してみよう。ファイルサイズはどうなるか？

1.3.5　コンピュータにおける文字入力と変換

(1) ローマ字入力とかな入力

文字の入力方法には，ローマ字入力とかな入力がある。一般に，文字入力はローマ字入力で行う。ローマ字入力の場合，文字の入力をキーボード上のアルファベット(A～Z)で入力する。例えば，「あ～お」はキーボード上のキーからA～Oと入力し，「か～こ」は，KA～KOと入力する。「さ～そ」「た～と」等も同様である。小文字の「あ～お」や，それらを伴う文字

・**圧縮・解凍ソフト**
圧縮・解凍ソフトにはいろいろな種類があるが以下のものが有名。解凍レンジ・LhaPlus・Lacha・Lhasa32 など

・「**Vector**」や「**窓の杜**」
というソフトウェアのダウンロードサイトから入手することができる。

・ファイルのサイズは，右クリックでプロパティを選択して確認する。

・**ローマ字入力とかな入力を切り替え**
ローマ字入力とかな入力を切り替えるには，IMEの設定で行う。ショートカットキーでは，[Alt]＋[カタカナ・ひらがな]キーを押下することで切り替えることができる。

列は，次の表 1.3.10 のようにキー入力する。

　ここでは，いくつかの代表例のみを示す。「ら〜ろ」は RA〜RO とキー入力する。LA〜LO とキー入力すると「ぁ〜ぉ」となる。小文字の「っ」（促音）については，例えば「行った」は ITTA，「あっさり」は ASSARI，「けっこう」は KEKKOU，のように，T, S, K を重ねて，二度キー入力する。

・拗音の入力

・促音の入力

表 1.3.10　小文字やそれらを伴う文字列のキー入力

ぁ	ぃ	ぅ	ぇ	ぉ	きゃ	きぃ	きゅ	きぇ	きょ
LA	LI	LU	LE	LO	KYA	KYI	KYU	KYE	KYO
つぁ	つぃ	つぅ	つぇ	つぉ	ぢゃ	ぢぃ	ぢゅ	ぢぇ	ぢょ
TSA	TSI	TULU	TSE	TSO	DYA	DYI	DYU	DYE	DYO
でゃ	でぃ	でゅ	でぇ	でょ	ヴゃ	ヴぃ	ヴゅ	ヴゅ	ヴぇ
DHA	DHI	DHU	DHE	DHO	VYA	VYI	VYU	VYE	VYO

■ **練習** ■

次の単語を入力してみよう。
　　情報技術, インターネット, ネットワークとマルチメディア, ヴァイオリン, 大学の授業, 単位の取得

(2) 漢字への変換方法

・単文節の変換

　単文節の場合，ひらがなを入力し，[Space]キーまたは[変換]キーを押せば，漢字／カタカナの候補が表示されるので，[Enter]キーを押して確定する。他の候補を探す場合は，[Space]または[変換]キーを 2 回押す。その場合は候補一覧が表示されるので選択し[Enter]キーを押して確定する。

・複文節の変換

　複文節の場合は，最初の文節について上のように変換した後，矢印キーを使って次の文節に移動し，変換する操作を繰り返す。[Esc]キーを押すと，選択されている文節が元のひらがなに戻る。もう一度[Esc]キーを押すと変換対象がすべてひらがなに戻る。適切な文節になっていない場合は[Shift]キーを押しながら，右矢印キーで文節を長くするか，左矢印キーで短くして適切な文節にする。

(3) ひらがな，カタカナ，半角，英数文字への変換方法

・半角英数文字を入力する場合は，キーボードの[半角／全角]キーを押すか，[IME 言語バー]の「あ」の部分をクリックし，(半角英数)を選択して切り替えるという方法もある。

　ひらがな，カタカナ，半角，英数文字への変換は，ファンクションキーを押すことで，容易に変換することができる。

- [F6]キー…選択した文節を全角のひらがなに変換する
- [F7]キー…選択した文節を全角のカタカナに変換する

- [F8]キー…入力した文字列を半角に変換する
- [F9]キー…選択した文節を英数文字や記号に変換する

例1 文節を操作した，誤変換の修正例

　「やっとつまできた」と入力し，文節を操作して，誤変換を修正しよう。「やっとつまできた」と入力し変換したのが①。3つの文節に分けられ最初の変換対象は太下線部の「やっと」である。右矢印キーで変換対象を「やっと」から「妻で」に移動したのが②。[Shift]キーを押さえながら左矢印キーを2回押し，文節を「つ」に縮めたのが③。文節数は4つに増える。「津」に変換したのが④。[Enter]キーを押し確定したのが⑤である。

① やっと妻で来た
② やっと妻で来た
③ やっとつまで来た
④ やっと津まで来た
⑤ やっと津まで来た

・たとえば「ちゅうおうせん」と入力して，[F6]キー→[F7]キー→[F8]キー→[F9]キーの順に押下してみよう。さらに，[F8]キーや[F9]キーは何度か押下し，変換される文字がどのように変わるか確認しよう。

・[左右矢印]：文節間の移動
　[Shift]キー＋[左右矢印]：変換する対象範囲の調整

例2 誤入力を修正し，再変換しよう

　「じてんしゃでたいりくおうだん」と入力し，変換した文を「じどうしゃでたいりくおうだん」というふうに，一部のひらがなを修正して再変換しよう。

　「じてんしゃでたいりくおうだん」を入力したのが①。変換すると②のようになる。自転車でなく自動車に変更する場合，[Esc]キーを押すと③のようになる。左矢印キーでマウスポインターを左（前）の方に戻し，[Backspace]キーで「てん」を削除したのが④。「どう」をキーボード入力したのが⑤。変換したのが⑥である。

① じてんしゃでたいりくおうだん
② 自転車で大陸横断
③ じてんしゃで大陸横断
④ じしゃで大陸横断
⑤ じどうしゃで大陸横断
⑥ 自動車で大陸横断

・文節を調整する操作
・変換候補や文節の切れ目は，個々のパソコンにより異なる。なぜなら，よく使われる候補は記録（学習）され，優先されるのである。

(4) 手書き入力と特殊記号の入力

　入力しようと思う漢字の読み方がわからない場合，[IMEパッド]の[手書き]を使いマウスで文字を描く（図1.3.8）。候補の漢字が表示されるので，その中に該当の漢字を見つけて，クリックすると入力できる。

・IMEパッドの起動
IMEパッドは，[IME言語バー]の[IMEパッド]をクリックし，起動する。

図1.3.7　IMEパッドの起動

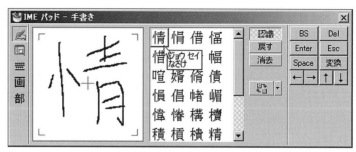

図1.3.8　IMEパッド－手書き入力

特殊な文字や記号を入力する場合は，IMEパッドの左端の[文字一覧]（図1.3.9）をクリックすることで入力できる。

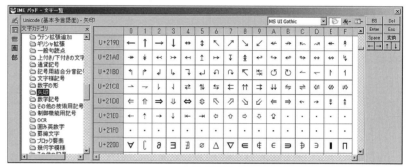

図1.3.9　IMEパッド－文字一覧

・練習1の答え
エクボ，サソリ，イワシ

・練習2の答え（例）：
ミュージック(myujikku), トレーディング(tore-dhingu), ティッシュペーパー(thisshupepa-), ピッツァ(pittsa), ウォッカ(whokka), グァム島(gwamutou), トゥナイト(twunaito)

・練習3の答え
〜（から），々（おなじ），→（みぎ，やじるし），×（ばつ），○（まる），□（しかく），ヶ（け），③（3，さん），Ⅲ（3，さん）

■ 練習 ■

IMEの機能を活用してみよう。
1. 次の漢字は何と読むか。手書き入力で読みを調べてみよう。
   靨，蠍，鯔
2. 次の文字を入力してみよう。
   ミュージック，トレーディング，ティッシュペーパー，ピッツァ，ウォッカ，グァム島，トゥナイト
3. 次の記号を入力してみよう。
   〜，々，→，×，○，□，ヶ，③，Ⅲ

1.3.6　文字入力とタイピング

キーボードの操作は，リテラシーの基本中の基本である。キーボード入力が早ければ，迅速に作業を行うことができる。入力が遅ければ，レポート

や論文を作成する際に，入力がネックになってしまう。

　キーボードを見ずに，文字入力をすることタッチタイピングという。タッチタイピングでは，ホームポジションといい，必ず決まった指でキーボードを打つ。

図 1.3.10

課題 9

10分間で何文字入力できるか？ タイピングの速度を測ってみよう。

> ・変換する言葉が思いつかなかった場合には
> 記号から思いつく言葉を入力すれば，変換することができる。どうしても，変換する言葉が思いつかない場合は，"きごう"と入力し変換するとよい。

> ・タイピング練習を繰り返すことで，指と脳が覚えて自然に入力できるようになる

> ・参考程度だが，次のようなコツもある。
> ① Enter は小指で
> ②変換は「スペース」を右手親指で
> ③カタカナ変換は「無変換」を左手親指で
> ④リズムよく（音楽にあわせるのもお勧め）

＜操作手順＞
① 入力する文書を用意する。Wikipedia ページでもよい。
② Word を起動し，10分間入力をする。
③ 10分経過後，文字数を確認する。Word 画面左下の，ステータスバーに文字数が表示されている（図 1.3.11）。

図 1.3.11　文字数の確認

課題 10

練習法（あいうえお／あかさたな法）でタッチタイピングをマスターしよう。

＜操作方法＞
① ひたすら「あいうえお Enter」（15秒であいうえお 10個）を繰り返す。スムーズに入力できるまで繰り返す。
② 次に，ひたすら「かきくけこ Enter」（15秒でかきくけこ 5個）を繰り返す。こちらもスムーズに入力できるまで繰り返す。
③ 同様に「さしすせそ Enter」～「わをん Enter」と続ける。
④ さらに「あかさたなはまやらわ」，「いきしちにひみいりい」もスムーズに入力できるようにする。

> ・ワープロ検定の準2級だと，10分間 400 文字以上入力できる速度である。一つの目安。

総合練習問題

1 以下の，(1)(2)の問いに答えよ。

(1) パソコンに代表されるコンピュータの種類を2つ挙げよ。

解答：(_____ ・ _____)

(2) ハードウェアとソフトウェアをそれぞれ3つずつ挙げよ。

解答：ハードウェア(_____ ・ _____ ・ _____)

解答：ソフトウェア(_____ ・ _____ ・ _____)

2 下の(1)～(4)のコンピュータに関する説明文について，[   ]に示されたキーワードを各1回使って完成しなさい。

[ログイン・ログアウト・シャットダウン・アップグレード・インストール・アンインストール・プレインストール]

(1) コンピュータにソフトウェアを導入することを(_____)という。またその逆に，不要なソフトウェアを取り除くことを(_____)という。また，コンピュータを購入したときからソフトウェアが導入済みであることを(_____)という。

(2) ソフトウェアには，新機能が追加されたり，不具合が修正されたりすることがある。ソフトウェアを新しい機能を持ったバージョンに変更することを(_____)という。バージョンアップともいう。

(3) コンピュータは，複数の人が利用できるようになっている。AさんからBさんに利用者を代わるときには，Aさんは一度(_____)を行い，Bさんがあらたに(_____)をする。

(4) コンピュータを使い終わったら，(_____)をすることで電源を切る。

3 自宅でキーボード入力の練習をしたい。次のA～Gのうち，どのソフトウェアを購入するのが最も良いか。自宅のパソコンのOSは，現在Windows 7であるが，Windows 8へのアップグレードも考えている。

・A：動作環境「Windows 7」の文書作成ソフト
・B：動作環境「Linux」のタイピング練習ソフト
・C：動作環境「Windows 7」のタイピング練習ソフトの海賊版
・D：動作環境「MacOS」のタイピング練習ソフト
・E：動作環境「Windows 7」のファイル圧縮ソフト
・F：動作環境「Windows 7」のタイピング練習ソフト（Windows 8無償アップグレード付き）
・G：動作環境「Windows 7」のタイピング練習ソフト

解答：(_____)

4 以下の,（1）～（3）の問いに答えよ。

（1） Microsoft-Windows 以外の OS の名前を１つあげよ。

解答：(＿＿＿＿)

（2） ブラウザの名前を２つあげよ。

解答：(＿＿＿＿・＿＿＿＿)

（3） 圧縮形式を２つあげよ。

解答：(＿＿＿＿・＿＿＿＿)

5 次のア～ウのフォルダに関する説明文と, A～Cの項目との正しい組み合わせを完成せよ。
ア：インターネットからダウンロードした場合に，ファイルが保存される通常のフォルダ
イ：ファイルを削除した際に，一時的に保存されているフォルダ
ウ：自分で作成したファイル（ドキュメント）を保存する用途で使われるフォルダ

A：ゴミ箱，　B：ドキュメント，　C：ダウンロード

解答：(ア：＿＿＿＿, イ：＿＿＿＿, ウ：＿＿＿＿)

6 次のア～オの拡張子と, A～Eのソフトウェアのうち,正しい組み合わせを完成させよ。
ア：docx, イ：pptx, ウ：zip, エ：bmp, オ：pdf

A：Adobe Reader, B：MS-Word, C：MS-PowerPoint, D：ペイント, E：圧縮／解凍ソフト

解答：(ア：＿＿＿＿, イ：＿＿＿＿, ウ：＿＿＿＿, エ：＿＿＿＿, オ：＿＿＿＿)

7 下の(1)～(5)のデータの取り扱いに関する説明文について,下の［　　　　］に示されたキーワードを各１回使って文章を完成せよ。

［フォルダ・エクスプローラ・ゴミ箱・記憶装置（ハードディスク）・共有フォルダ・ネットワークドライブ・テキスト・バイナリ・デスクトップ・ドキュメント］

（1） パソコンで作成したデータは,（＿＿＿＿）に保存されている。Windowsでは,階層構造で構成される（＿＿＿＿）の中にファイルを格納する。

（2） パソコンのデータの情報を見ることが出来るソフトとして,（＿＿＿＿）がある。ファイルの保存先としては,（＿＿＿＿）が代表的な場所であり,他のユーザからはアクセス出来ない。

（3） メモ帳は,文字情報だけ（＿＿＿＿）形式のファイルを取り扱うことができる。ペイントは,絵を描くことが出来るソフトであり,文字情報以外の情報を持つため,（＿＿＿＿）形式のファイルとなる。

（4） （＿＿＿＿）とは,ネットワーク上の別のコンピュータからも参照できるフォルダである。このフォルダをドライブとして割り当て,（＿＿＿＿）として使うことも可能である。

（5）　ファイルを削除すると，一時的に（＿＿＿＿）に保存される。「空にする」するまでは，保存されている。

8　魚（さかな）へんの漢字を5つ挙げよ。手書き入力を使用して探すこと。
　　　解答：（＿＿＿，＿＿＿，＿＿＿，＿＿＿，＿＿＿）

9　パソコンにインストールされているウイルス対策ソフトの最終更新日を記述せよ。最新版になっていない場合は，最新版に更新してから解答すること。
　　　解答：（＿＿＿＿＿＿＿＿）

10　次のパスワードを安全な順に並べよ。
　　　ア：1893　　　イ：2158486101　　　ウ：MyPassword　　　エ：loe8#!dE33　　　オ：aifeEEajfe

　　　解答：（安全　＿＿＿→＿＿＿→＿＿＿→＿＿＿→＿＿＿　危険）

11　メールを利用する際の注意事項を2つあげよ。
　　　答え：（＿＿＿＿＿＿＿＿＿＿＿＿＿＿＿）
　　　　　　（＿＿＿＿＿＿＿＿＿＿＿＿＿＿＿）

12　次のような状況において，用件を伝えるメールの文章を考えよ。
（1）　ゼミの先生の紹介で，就職を希望する会社に勤務するゼミのOBに会い，いろいろと話を聞くことができた。先生と先輩に御礼の気持ちを伝えたい。
（2）　大学・学部名は「情報大学経済学科」，ゼミの先生の名前は「森 健二」先生，希望する企業は「○○株式会社」，OBの名前は「永田 博」氏。

13　次の（1）～（5）の行動は，いずれも情報倫理の観点から考えると，適切な行動ではない。どのような問題が生じる可能性があるか？また，どのように行動すればよいだろうか？

（1）　パソコンは壊れることは少ないので，バックアップは特に行っていない。
（2）　USBメモリに知人のアドレス一覧や自分の成績のファイルを入れて持ち歩いている。
（3）　レポートに都合のよい文章をブログで見つけたので，そのまま利用した。
（4）　SSL通信かどうか確認せずにネットバンキングを利用している。
（5）　ソーシャルネットワークサービスで知人の悪口や愚痴を投稿した。

　　　解答：
　　　　　（1）：（生じる問題：＿＿＿＿＿＿＿＿＿，正しい行動＿＿＿＿＿＿＿＿＿）
　　　　　（2）：（生じる問題：＿＿＿＿＿＿＿＿＿，正しい行動＿＿＿＿＿＿＿＿＿）
　　　　　（3）：（生じる問題：＿＿＿＿＿＿＿＿＿，正しい行動＿＿＿＿＿＿＿＿＿）
　　　　　（4）：（生じる問題：＿＿＿＿＿＿＿＿＿，正しい行動＿＿＿＿＿＿＿＿＿）
　　　　　（5）：（生じる問題：＿＿＿＿＿＿＿＿＿，正しい行動＿＿＿＿＿＿＿＿＿）

14 以下の(1)～(7)に示すそれぞれの行為が，不正行為かどうかを判断しなさい。

（1） 他人のホームページのフレームの大きさと背景の色をまねて，自分のホームページを作成した。

（2） テレビでよく見かけるコメンテーターの意見に賛成だったので，知名度があがるような内容で，顔写真とともに自分のブログで紹介した。

（3） テーマパークのキャラクターの絵を©マークを付けて自分のブログに掲載した。

（4） 友人のAさんから，私とAさん共通の友人であるBさんのアドレスを教えて欲しいと頼まれ，Bさんの了解を得ずに教えた。

（5） 友人のAさんから，授業について連絡したいことがあるので，自分が所属するゼミの先生のメールアドレスを教えて欲しいと頼まれた。教えるのではなく，逆にAさんの了解をもらって，先生にAさんのアドレスとAさんからの用件を伝えた。

（6） 海外のサイトに聞きたい曲が掲載されていた。国内であれば掲載は違法行為だと思ったが，自分だけが聞く目的なのでダウンロードした。

（7） 動画投稿サイトに見逃したアニメ番組が投稿されていた。そのサイトでは違法な動画はすぐに削除されるが，3か月以上経過しても残っていたのでダウンロードした。

第2章

Word 2013 を使った知のライティングスキル

2.1 Microsoft Word 2013 の基本操作
2.2 文書作成の基礎
2.3 文字列の検索／置換
2.4 画像や図形の編集
2.5 表とグラフの作成と編集
2.6 レポート・論文を書くときに利用する機能

2.1 Microsoft Word 2013 の基本操作

・**Word2013 の起動**
[スタート]ボタン→[すべてのプログラム]→[Microsoft Office 2013]→[Word 2013]の順にクリックすると，ファイルやフォルダを選択する画面になる。

ここで[白紙の文書]をクリックすると基本操作画面が表示される。

2.1.1 Microsoft Word 2013 の画面構成と基本操作

Microsoft Word 2013 の基本操作画面が表示される（図 2.1.1）。

・**④ルーラーの表示方法**：ルーラーが表示されていない場合は，[表示]タブ→[表示]グループ→[ルーラー]にチェックマークを入れる。

・**⑧ナビゲーションウィンドウの表示方法**：ナビゲーションウィンドウが表示されていない場合は，[表示]タブ→[表示]グループ→[ナビゲーションウィンドウ]にチェックマークを入れる。

・**各タブとリボンの概要は，以下の通り。**
(1)**[ファイル]タブ**
ファイルの保存や印刷等，ファイル全体に関する操作。
(2)**[ホーム]タブ**
書式の設定やスタイルの設定など，頻繁に使用する操作。
(3)**[挿入]タブ**
図やグラフなど，文字以外の情報を挿入する操作。
(4)**[デザイン]タブ**
テーマやスタイルセットなど，デザインに関する操作。
(5)**[ページレイアウト]タブ**
用紙サイズや段組など，ページのレイアウトに関する操作。
(6)**[参考資料]タブ**
引用，参考文献や目次などの情報を文書に記述する操作。レポートや論文で利用する機能である。
(7)**[差し込み文書]タブ**
宛名印刷に関する操作。

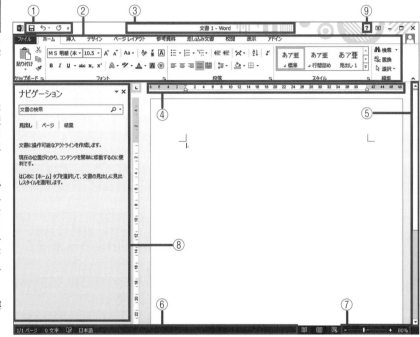

図 2.1.1　Word 2013 の基本操作画面

基本操作画面の各部の名称は，以下のとおりである。

① クイックアクセスツールバー　② リボン
③ タイトルバー　　　　　　　　④ ルーラー
⑤ スクロールバー　　　　　　　⑥ ステータスバー
⑦ ズームスライダ　　　　　　　⑧ ナビゲーションウィンドウ
⑨ ヘルプボタン

課題 1

以下の①～⑨の各部の機能を確認しよう。

① クイックアクセスツールバーには，頻繁に使う機能のアイコンが表示されている。デフォルト（初期設定）ではどのようなボタンが用意されているだろうか？　また ▼ をクリックして，表示される項目にチェックマークを付けることでどのような変化があるか確認しよう。

② リボンには，各種アイコンが機能別にグループ化されて配置されている。[ホーム]や[挿入]などのタブをクリックしてみよう。それぞれ，どのようなグループがあるか確認しよう。また，リボンの一番左側にある[ファイル]は，Microsoft Office 共通機能が用意されている。クリックして，どのような機能が用意されているか確認しよう。
③ タイトルバーに，編集中のファイルのファイル名が表示されることを確認しよう。
④ ルーラーは，画面の物差しのような役目をする。後述するインデントやタブの設定時に用いる。2つのマーカーをドラッグしてみよう。また，水平ルーラーと垂直ルーラーがあることを確認しよう。
⑤ スクロールバーは，文書をスクロールする際に利用する。スクロールバーをドラッグしてみよう。また，上下の▲▼をクリックしてみよう。
⑥ ステータスバーには，どのような情報が表示されているであろうか。
⑦ ズームスライダを使って，編集中のウィンドウの表示サイズを変更することができる。ズームマーカーをドラッグしてみよう。
⑧ ナビゲーションウィンドウには，どのような情報が表示されているだろうか。
⑨ ヘルプボタンをクリックしてみよう。Wordのヘルプ・使い方が表示される。

(8) [校閲]タブ
文書の校正や閲覧に関する操作。
(9) [表示]タブ
文書の表示方法に関する操作。

・リボンのタブ部分をダブルクリックすると表示／非表示を切り替えることができる。右端の∧(リボンを折りたたむ)ボタンをクリックしても良い。

・③～⑧は，教材サンプル文書「教科書販売の案内(サンプル文書)」を開いた状態で確認しよう。

2.1.2 ファイルを開く／ファイルの保存

(1) ファイルを開く

ファイルを作成するには，新しく文書を作成する場合と，既に保存されていたファイルを開く場合とがある。それぞれ，以下の手順で行う。

■新規作成：新しく文書を作成する場合
＜操作方法＞
① [ファイル]タブをクリックしてバックステージビューを表示する(図2.1.2)。
② [新規]→[白紙の文書]をクリックする。

■テンプレート：テンプレートを使って新しく文書を作成する場合
＜操作方法＞
① [ファイル]タブをクリックしてバックステージビューを表示する(図2.1.2)。
② [新規]をクリックし，目的に合ったテンプレートを選択し，[作成]ボタンをクリックする。

・バックステージビュー
バックステージビューとは，[ファイル]タブをクリックして表示される画面で，ファイルの[新規作成]，[保存]，[印刷]等の操作や基本設定を行うことができる。

・テンプレートとは，雛形という意味である。レイアウトや書式が準備済みなので，必要な箇所を入力するだけで整った文書を作成することができる。

・オンライン テンプレートを使う場合
オンライン テンプレートを使う場合は，[オンライン テンプレートを検索]と書いてあるテキストボックスにキーワードを入力して検索する。

図2.1.2　新しい文書の作成

■開く：既存のファイルを読み込む場合

　［ファイル］タブ→［開く］をクリックする。表示された画面で［コンピュータ］→［参照］ボタンをクリック。→表示されたダイアログボックスで目的のファイルを指定→［開く］ボタンをクリックする。

(2) ファイルの保存

　ファイルの保存は，新しく作成した文書を保存する場合（名前を付けて保存）と，すでに存在するファイルを開き，修正して保存する場合（上書き保存）とがある。それぞれ以下の手順で行う。

■名前を付けて保存：新しく作成した文書を保存する場合

① ［ファイル］タブ→［名前を付けて保存］→［コンピュータ］をクリックする。

② 表示された画面で，［参照］，［デスクトップ］，［マイドキュメント］などのファイルの保存先を選択し，ファイル名を入力する（図2.1.3，図2.1.4）。

・もし，保存先がわからなくなった場合，［最近使ったもの］から探すことできる。［スタート］ボタン→［Word 2013］にカーソルを合わせると，右側に最近使ったファイルの一覧が表示される。

・保存先は，マイドキュメントやデスクトップなどが選択できる。

・保存をしていない内容は，コンピュータがフリーズした場合に，失われてしまう可能性がある。こまめに上書き保存をすることで，例えコンピュータがフリーズしても，ゼロから作り直すことを避けることができる。

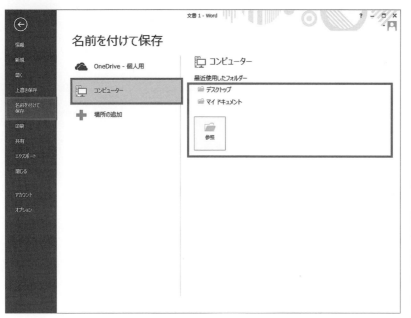

図 2.1.3　ファイルの保存

図 2.1.4　名前を付けて保存ダイアログ

③ ［保存］ボタンをクリックする。

■上書き保存：既に存在するファイルを開いて修正し，再度保存する場合

　　［ファイル］タブ→［上書き保存］をクリックする。

・**上書き保存**
クイックアクセスツールバーの［上書き保存］のアイコン

をクリックしても良い。

・上書き保存のショートカットキーは［Ctrl］+［S］である。

課題2

オンライン テンプレートを利用して，履歴書を作成しよう（図2.1.5）。

・履歴書のテンプレート
ここでは，オンライン テンプレートに準備されているテンプレートを利用して，手早く履歴書を作成する。

・オンライン テンプレートを利用するには，インターネットに接続している必要がある。

図2.1.5　オンライン テンプレートを使った履歴書

<操作方法>

① ［ファイル］タブ→［新規］をクリックする。［オンライン テンプレートの検索］の入力欄に，［履歴書］と入力して［検索の開始］ボタンをクリックする。検索結果から，［履歴書A4blue］をクリックし，表示されたダイアログで［作成］をクリックする（図2.1.6）。

2.1 Microsoft Word 2013 の基本操作

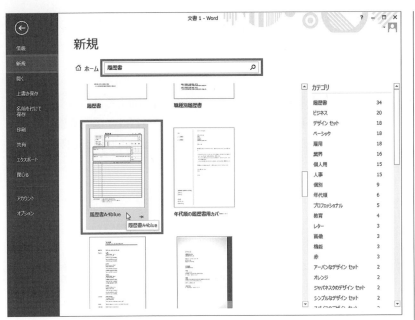

図 2.1.6　履歴書(履歴書 A4blue)の選択

② 「ふりがな」や「名前」など,各欄に入力する。
③ 作成した文書を保存する。即ち,[ファイル]タブをクリック。表示されたバックステージビュー上で,[名前を付けて保存]をクリック。→[最近使用したフォルダー]からDesktopを選択→表示された[名前を付けて保存]ウィンドウ上でファイル名を入力し,[OK]ボタンを押す。

・②の注意
特殊な項目は以下の通り対応する。
・「性別」の欄:"男性であれば女","女性であれば男"を削除する。
・住所等が枠に入りきらない場合:フォントのサイズを小さくすることで対応する。レイアウトを変更しても良い。

・③の注意
新たなファイルを保存する場合は,「名前を付けて保存」となる。また,保存する際に「互換性」に関するメッセージが表示されることがあるが,[OK]をクリックする。

・③ここでは,保存先フォルダに Desktop を選んだが,目的に合った任意のフォルダを選ぶと良い。

2.1.3 ファイルの印刷

(1) 印刷イメージの確認

文書を印刷するには、[ファイル]タブ→[印刷]をクリックする(図2.1.7)。印刷する前に、印刷後のイメージをプレビュー画面で確認してから印刷する。印刷設定画面では、印刷範囲や印刷用紙、印刷部数等の設定ができる。

- 印刷プレビューでは、改行のマークは表示されない。

- **用紙等に関する設定**
用紙等に関する設定は、[ページレイアウト]タブ→[ページ設定]グループや、[ファイル]タブ→[印刷]の画面でも設定できる。

- **複数のプリンタが接続されている場合**は、[プリンタ]のリストボックスから使用するプリンタを指定する。さらに細かい設定を行うには、[プリンタのプロパティ]をクリックし、表示されたダイアログで設定を行う。

- **プリンタドライバ**
プリンタドライバの設定画面で設定できる内容は、プリンタの種類・機能により異なり、例えば、両面印刷、モノクロ印刷、割付印刷等の機能等がある。

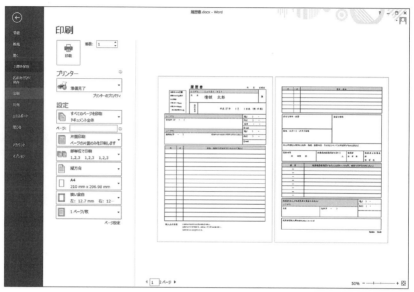

図 2.1.7 印刷プレビュー

課題3

課題2で作成した履歴書を図2.1.7のようなスタイルで印刷しよう。
印刷プレビューでイメージを確認後、印刷する。

- **課題3の操作方法**のおもな流れを示すと以下のようである。
①作成した履歴書を開く。
②印刷プレビューする。
③2ページを1枚にして印刷する。

＜操作方法＞

① [ファイル]タブ→[最近使用したファイル]をクリックし、一覧の中から課題2で保存した履歴書を開く。

② [ファイル]タブ→[印刷]をクリックする。画面左側の印刷プレビューに印刷した時のイメージが表示される(図2.1.8)。

2.1 Microsoft Word 2013 の基本操作 | 67

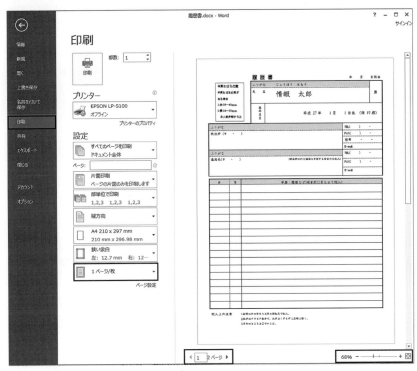

図 2.1.8　印刷画面の操作

・③の注意
この履歴書は，1ページ目に履歴書の左半分，2ページ目に履歴書の右半分という2ページの構成である。

・最近使用した文書にない場合は，ファイルを直接ダブルクリックして開く。

・割付印刷
このように複数のページを1枚におさめて印刷することを"割付"という。

・用紙不足の対応
用紙不足の場合は，用紙を追加する。

・紙詰まりの対応
プリンタ本体に，詰まった用紙の取り出し方の説明が記述されていることが多い。殆どの場合は，自分で詰まった紙を取り出せるので，説明を見ながら丁寧に取り出す。また，シワのある用紙を使ったりすると，紙詰まりの原因になるので古い用紙は使わないこと。

③ プレビュー画面を見ながら，2ページ分プレビューするようにズームスライダ（図 2.1.8）の，表示倍率を調整する（下げる）。
④ 印刷設定の「1ページ／枚」を「2ページ／枚」に変更し，2ページ分を1枚の用紙に印刷する。
⑤ [印刷]ボタンをクリックする。

・「システム開発に関する言考察（印刷）」文書は，本課題のために予め横方向に設定している。以降の手順を実施することで，見やすく印刷する。

(2) ファイルの印刷

次に，用紙サイズや余白を設定して印刷をしよう。元になるファイル「システム開発に関する一考察（印刷）」は，用紙サイズや余白が適切でないので整った形で印刷ができない。ここでは，用紙サイズ等を設定し，さらに"割付印刷"を行うことで，A4用紙1枚に印刷する。

課題4

「システム開発に関する一考察（印刷）」（図 2.1.9）のファイルを，用紙サイズ，余白を設定して印刷しよう。

<操作方法>
① ファイル「システム開発に関する一考察（印刷）」を開く（図 2.1.9）。

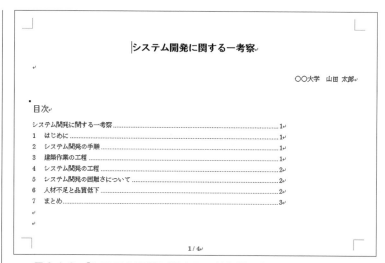

図 2.1.9 「システム開発に関する一考察(印刷)」ファイルの内容

② 文書の「○×大学 山田太郎」の箇所を自分の大学／名前に変更する。
③ [ファイル]タブ→[印刷]をクリックする。左側に印刷したときのイメージがプレビューとして表示される(図 2.1.10)。
　印刷の向きが"横"で,4ページの文書であることを確認する。

・**課題4の操作方法**のおもな流れを示すと以下のようである。
③印刷プレビューする。
④余白を変更する。
⑤印刷の向きを変更する。
⑥用紙サイズを変更する。
⑦ページ数の確認をする。
⑧目次のページを更新する。
⑨2ページを1枚にして印刷する。

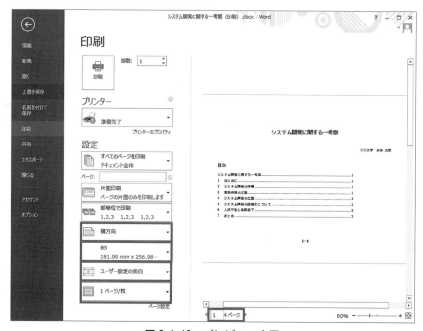

図 2.1.10 プレビュー表示

④ 印刷方向の[横方向]をクリックし,表示されたメニューから[縦方向]を選択する。
⑤ 紙のサイズで,表示されている[B5]をクリックし,表示されたメニューから[A4]を選択する。

⑥ [ユーザー設定の余白]をクリックし,表示されたメニューから[やや狭い]を選択する。
　印刷の向き,用紙サイズ,余白の変更により,2ページになっている事を確認する。画面の下部にページ数が記されている(図2.1.11)。

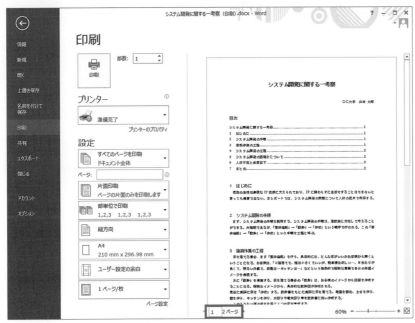

・「ページ：1 2」等と記されているはずである。

図2.1.11　ページ数の確認

⑦ ページ数が変化したので,目次で示されているページ数も書き換える必要がある。右上の ⬅ ボタンをクリックして,印刷モード画面を一旦終了する。
⑧ 「システムに関する一考察(印刷)」ファイルの目次部分をクリック→表示された[目次の更新]タブをクリックする。
⑨ [目次の更新]ダイアログで,[ページ番号だけを更新する(P)]を選び[OK]ボタンをクリックする(図2.1.12)。目次を更新したら,再度,[ファイル]タブ→[印刷]と選択して印刷画面へ戻る。

・今回は,ページだけの変化なので,[ページ番号だけを更新する]を選択した状態で[OK]ボタンをクリックする。

・**複数ページを割付印刷**すると用紙を節約することができる。ただし，文字が小さくなり読みにくくなるので，下書き等で利用する。

・⑪[印刷]ボタン

練習1のヒント
[ファイル]タブ→[印刷]で表示された画面にて，[ページ：]に1を指定する。

練習2のヒント
[ページ設定]ダイアログは以下の2通りで開くことができる。
1．印刷画面の下の[ページ設定]から開く。
2．通常の文書を入力する画面で[ページレイアウト]タブ→[ページ設定]グループの右下にある ボタンをクリックして開く。
・余白は，[余白]タブの[上][下][左][右]に入力する。
・1ページあたりの行数は，[文字数と行数]タブの[行数]に入力する。

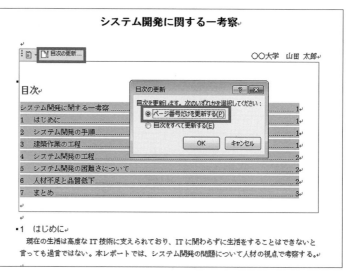

図2.1.12　目次の更新

⑩　[1ページ／枚]をクリック。表示されたメニューから[2ページ／枚]をクリック。
⑪　[印刷]ボタンをクリックする。

■ 練習 ■

1．1ページ目だけ印刷してみよう。
2．ページ設定の詳細設定をしてみよう。[ページ設定]をクリックし，[ページ設定]ダイアログを表示する。余白を任意の値に設定したり，1ページあたりの行数を変更してみよう。

2.2 文書作成の基礎

2.2.1 書式設定　文字に書式を設定しよう

　文字に書式を設定しよう。書式の設定は，[ホーム]タブの[フォント]グループで設定する(図2.2.1)。

図2.2.1　フォントグループのアイコン

　文書に書式を設定しよう。次の課題では，さまざまな書式の設定と，書式のコピーとクリアの操作を行う。特に書式のコピーとクリアは，便利な機能なので是非活用しよう。

> **課題1**
> 次の文字列を入力し(図2.2.2)，さまざまな書式を設定しよう(図2.2.3)。さらに設定した書式をコピーしたり，クリアしたりしてみよう。

---

①様々な書式を使う･･･フォント：MSP明朝、サイズ：16
②様々な書式を使う･･･フォント：MSPゴシック、サイズ：16

③様々な書式を使う･･･フォント：MSP明朝、サイズ：16、太字
④様々な書式を使う･･･フォント：MSP明朝、サイズ：16、斜体
⑤様々な書式を使う･･･フォント：MSP明朝、サイズ：16、下線
⑥様々な書式を使う･･･フォント：MSP明朝、サイズ：16、取り消し線

⑦様々な書式を使う･･･フォント：MSP明朝、サイズ：12、色：赤
⑧様々な書式を使う･･･フォント：MSP明朝、サイズ：12、色：青

⑨様々な書式を使う･･･フォント：MSP明朝、サイズ：12、その他：ルビ（フリガナ）
⑩様々な書式を使う･･･フォント：MSP明朝、サイズ：12、その他：蛍光ペン（明るい緑）
⑪様々な書式を使う･･･フォント：MSP明朝、サイズ：12、その他：網掛け

⑫あいうえおかきくけこ･･･フォント：MS明朝、サイズ：12
⑬1234567890･･･フォント：MS明朝、サイズ：12
⑭あいうえおかきくけこ･･･フォント：MSP明朝、サイズ：12
⑮1234567890･･･フォント：MSP明朝、サイズ：12

⑯書式設定済み･･･「書式のクリア」をする
⑰書式設定済み → 書式のコピーで設定･･･書式のコピーをする

図2.2.2　入力する文字列

・**書式設定の基本的な操作**
根本的な操作方法は，先に「書式を設定したい箇所を選択」した上で，適用したい書式の「アイコンをクリック」することである。

・**設定した書式の解除**
・設定した書式を解除するには，再度そのアイコンをクリックする。

・**書式のコピー**
書式のコピーを利用すると，書式のみをコピーすることができる。通常のコピーは，文字列もコピーするが，書式のコピーは文字列はコピーされず，書式のみコピーされる。複数の箇所に同じ書式を設定するときに使用するとよい。

・**すべての書式をクリア**
[すべての書式をクリア]では，すでに設定されている書式をすべて解除することができる。誤った書式を設定した場合等は，一度書式をクリアするとよい。

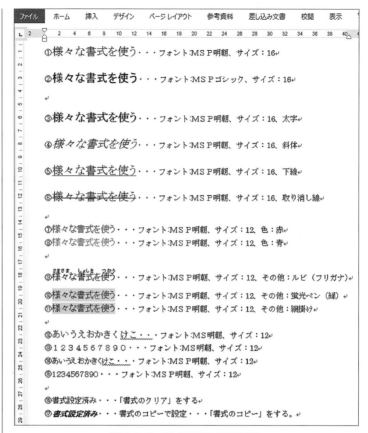

図 2.2.3　完成図(書式設定後)

<操作方法>
① 上記図 2.2.2 の文字列を入力する。
② 1 行目の「様々な書式を使う」をマウスでドラッグし，選択する。
③ 文字を選択した状態で，[ホーム]タブ→[フォント]グループ→[フォント]のリスト MS 明朝(本▼) から「MSP明朝」を選択する。また，[フォントサイズ] 10.5 ▼ のリストから，サイズを 16 に指定する。
④ 2 行目においては，②③と同様に，[フォント]のリスト MS 明朝(本▼) から「MSPゴシック」を選択する。
⑤ 3 行目～15 行目においても，以下の内容を参考にして同様に，書式の設定を行う。
　■よく使う書式：3 行目～6 行目
　　太字 **B**, 斜体 *I*, 下線 U ▼, 取り消し線 abc をクリックする
　■フォントの色：7 行目～8 行目
　　フォントの色は， A ▼ アイコンの右側の▼をクリックし，表示されたプルダウンメニュー(図 2.2.4)から設定する。

① 予め用意されている教材サンプル文書「様々な書式を使う」を利用しても良い。

・操作を誤ったら，焦らず [元に戻す]ボタン ⤺▼ をクリックする。

・明朝体とゴシック体の違いを確認しておこう。

・太字と下線は，強調したい時に使うことが多い。

・斜体は，強調にも使うが，引用という意味や装飾をするために用いたりする。

2.2 文書作成の基礎 | 73

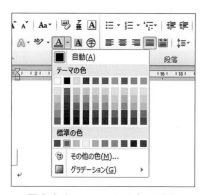

図 2.2.4 フォントの色の設定

■特殊な書式(ルビ):9 行目
　ルビ(フリガナ)は,文字を選択した状態で, をクリックし,表示された画面でフリガナを設定／変更する。
■特殊な書式(蛍光ペン):10 行目
　蛍光ペンは, ▼アイコンの右側の▼をクリックし,表示されたプルダウンメニュー(図 2.2.5)から設定する。

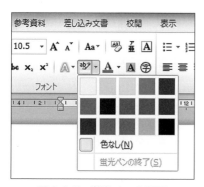

図 2.2.5 蛍光ペンの利用

■特殊な書式(網掛け):11 行目
　網掛けは,アイコン A をクリックし設定する。
■プロポーショナルフォント:12 行目～15 行目
　MSP明朝とMS明朝,MSPゴシックとMSゴシックの違いを比べてみよう。

■書式のクリアとコピー
⑥ 書式のクリアを行う。16 行目の「書式設定済み」を選択し,[すべての書式をクリア]アイコン をクリックする。
⑦ 書式のコピーを行う。17 行目の「書式設定済み」の文字を選択し,[ホーム]タブ→[クリップボード]グループ→[書式のコピー／貼り付け]アイコンをクリック。マウスカーソルが になるので,このカーソルの状態のまま,「書式のコピーで設定」の文字をマウスでドラッグする。

・プロポーショナルフォント
MSP 明朝など "P" が付いているフォントは,プロポーショナルフォントという。文字ごとに整って見えるように,最適な幅を調整したものである。例えば,1と0やIとWでは幅が異なる。Iの幅は狭く,Wの幅は広く設定される。

・等幅フォント
MS 明朝など,文字ごとの幅が一定のフォントは,等幅フォントという

・⑥書式のクリア
「蛍光ペン」のクリア
一度設定した「蛍光ペン」をクリアするには,対象となる文字を範囲指定しておいて,「蛍光ペン」の[色なし(N)]をクリックする。
「囲い文字」をクリアするには,「囲い文字」の[なし]を,**「組文字」**においても「組文字」の[解除]をクリックする。

・⑦**書式のコピー**は 1 回貼り付けると解除される。複数の箇所に連続して設定したい場合は,[書式のコピー／貼り付け]アイコンをダブルクリックする。書式のコピーを解除するには,(書式のコピー／貼り付け]アイコンを再度,クリックする。

■ 練習 ■

1. 課題1で用いなかった書式を5つ以上考え、設定しよう。使った書式の説明を下記の例のように記述する。

例：さまざまな書式を使う…使った書式：○○, ××, △△

2. フォントの詳細設定をしてみよう。

[ホーム]タブ→[フォント]グループの右下の を クリックし、フォントのダイアログボックスを表示する（図2.2.6）。このダイアログボックスから設定できる書式を試してみよう。練習1と同様に、5つ以上考え、使った書式の説明を記述する。

- **詳細設定**は[フォント]グループの左下の から行う。他の機能でも共通で、グループの左下の から詳細の当該機能の設定画面を開くことができる。

- **ヒント**
いずれの書式の設定も対象とする文字列を選択した状態でアイコンをクリックするとよい。組み文字と割注は、対象とする文字列を選択しなくても、あとから入力できる。

図2.2.6　フォントの詳細設定

- 縦中横、組み文字などは、[ホーム]タブ→[段落]グループ→[拡張書式] 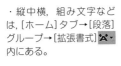 内にある。

3. [段落]グループ（図2.2.7）で設定できる書式を使ってみよう。
縦中横, 組み文字, 割注, 文字の均等割り付け, 文字の拡大／縮小など

図2.2.7　段落グループのアイコン

2.2.2　文字の配置とインデント・ルーラー

　ここでは,文字の位置と配置について学ぶ。文字の水平方向の位置の設定は,[ホーム]タブ→[段落]グループに用意されている[左揃え][中央揃え][右揃え]および[インデント]ボタンを用いて設定する(図2.2.8)。

図2.2.8　[段落]グループのインデントと文字位置

　文字列の配置設定は,大きく2種類に分けられる。左揃え,中央揃え,右揃えという左右の位置を表す設定と,所定の位置からの字下げ(インデント)の設定である。インデントは,[インデントを減らす][インデントを増やす]のアイコンをクリックすることで設定する。また,ルーラーのインデントマーカーをドラッグすることでも設定できる。

- 余白の操作:
　を左右に移動することにより,ページの余白を変更することができる。
- 左インデントの操作:
　を左右に移動することにより,選択している行を含む段落のインデントを変更することができる。
- 1行目のインデント:
　一般に文章を書く際には,1行目の先頭を1文字分隙間をあける。この1行目のインデントの幅を変更することができる。
- ぶら下げインデント
　は段落の2行目以降の左端を移動する。箇条書き,段落番号,アウトラインで使用することができる。

・これらの設定は,文字の行内位置に対する指定だけでなく,画像や表の中でも同様に設定できる。

・編集中の文書にどのような位置設定がなされているかは,[段落]グループのどのボタンがハイライトされているか(色が変わっているか)を見れば確認できる。例えば,中央揃えの位置設定が指定されている文字を選択すると,[中央揃え]ボタンがハイライトされる。

・ルーラーの表示
ルーラーは,[表示]タブ→[表示]グループ→[ルーラー]にチェックを入れることで表示される。

> **課題 2**
>
> 文字列の位置やインデントを設定し、図 2.2.9 のような教科書販売の案内を作成しよう。

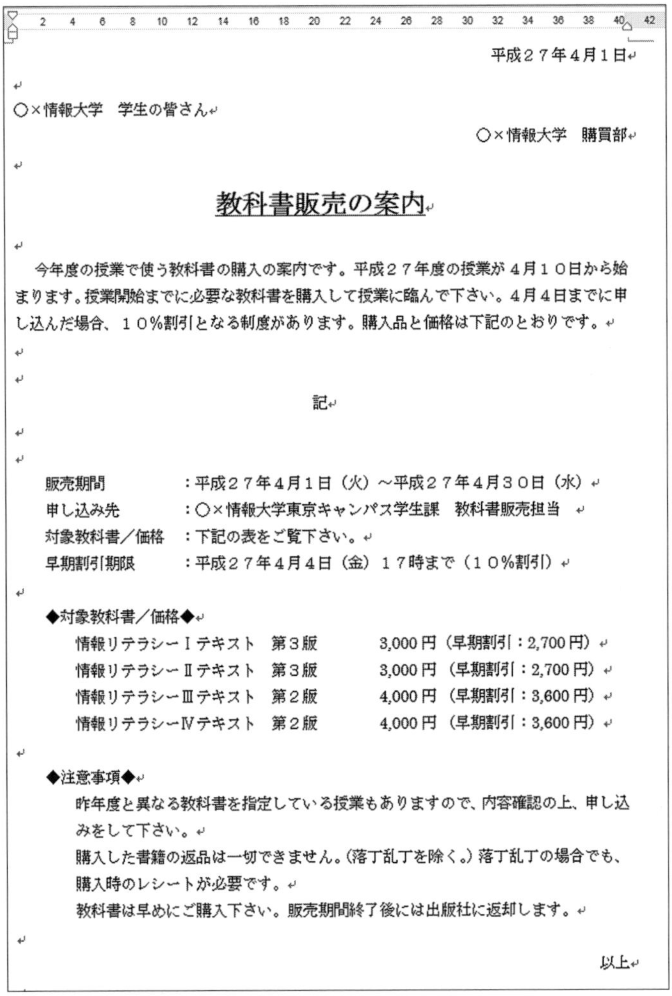

```
                                                    平成27年4月1日

○×情報大学　学生の皆さん
                                              ○×情報大学　購買部


                       教科書販売の案内

  今年度の授業で使う教科書の購入の案内です。平成27年度の授業が4月10日から始
まります。授業開始までに必要な教科書を購入して授業に臨んで下さい。4月4日までに申
し込んだ場合、10％割引となる制度があります。購入品と価格は下記のとおりです。


                             記


    販売期間      ：平成27年4月1日（火）〜平成27年4月30日（水）
    申し込み先    ：○×情報大学東京キャンパス学生課　教科書販売担当
    対象教科書／価格：下記の表をご覧下さい。
    早期割引期限  ：平成27年4月4日（金）17時まで（10％割引）


    ◆対象教科書／価格◆
      情報リテラシーⅠテキスト　第3版      3,000 円（早期割引：2,700 円）
      情報リテラシーⅡテキスト　第3版      3,000 円（早期割引：2,700 円）
      情報リテラシーⅢテキスト　第2版      4,000 円（早期割引：3,600 円）
      情報リテラシーⅣテキスト　第2版      4,000 円（早期割引：3,600 円）

    ◆注意事項◆
      昨年度と異なる教科書を指定している授業もありますので、内容確認の上、申し込
      みをして下さい。
      購入した書籍の返品は一切できません。（落丁乱丁を除く。）落丁乱丁の場合でも、
      購入時のレシートが必要です。
      教科書は早めにご購入下さい。販売期間終了後には出版社に返却します。

                                                          以上
```

図 2.2.9　教科書販売の完成

＜操作方法＞

① ファイル「教科書販売の案内」のファイルを開く（図 2.2.10）。

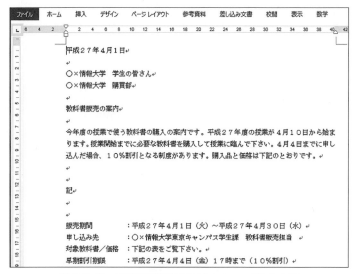

図 2.2.10 「教科書販売の案内」ファイルの内容

② 文字列の段落書式を設定する。以下のとおり設定する。
- 作成日「平成 27 年 4 月 1 日」：作成日の箇所にカーソルを合わせた状態で，[ホーム]タブ→[段落]グループ→[右揃え]アイコンをクリックする(図 2.2.11)。

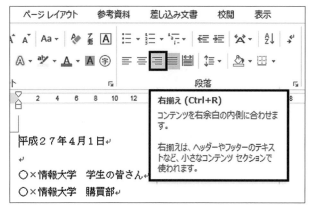

図 2.2.11 右揃え

- 同様に，作成者「○×情報大学　購買部」：作成者の箇所にカーソルを合わせた状態で，[右揃え]ボタンをクリックする
- タイトル「教科書販売の案内」：[中央揃え]にする。
  また，フォントサイズを 18，太字，下線を設定する。
- 記：[中央揃え]にする。
- 以上：[右揃え]にする
③ インデントの設定をする。以下のとおり設定する。
- 「今年度…」の箇所にカーソルをあわせ，ルーラーの[1 行目のインデ

・ルーラーの表示
ルーラーを表示させるには，[表示]タブ→[表示]グループの[ルーラー]をチェックする。

・ここではルーラーでインデントを設定

ント]マーカーを,右へ1文字分ドラッグする(図2.2.12)。

図2.2.12　ルーラーの操作

・ここでは[インデントを増やす]アイコンでインデントを設定

・ここではルーラーでインデントを設定

・キーボード[Tab]キーでインデントを設定

- 同様に,内容の販売期間〜早期割引期限:「販売期間〜早期割引期限」の4行を選択し,[インデントを増やす]アイコンを2回クリックする。
- 対象教科書／価格:「◆対象教科書／価格◆」を選択し,ルーラの[左インデント]マーカーを右側に2文字分ドラッグする。同様に,「◆対象教科書／価格◆」の下の4行分を右に4文字分移動する。
- 注意事項:「◆注意事項◆」を選択し,ルーラの[左インデント]マーカーを右側に2文字分ドラッグする。また,「◆注意事項◆」の下の5行分を選択し,キーボードの[Tab]キーを2回押す。

■ 練習 ■

1. 用紙サイズをB5に変更し,収まりが良いように余白と行数の調整をしてみよう。
2. 歓迎会の案内を作成しよう。以下の①〜⑤ を設定すること。
   ① 「歓迎会のご案内」をセンタリングする。
   ② 「日付」,「大学名」を右揃えにする。
   ③ 「日時」,「場所」,「アクセス」等を,右に2文字分移動させる。
   ④ 「7月1日… 」,「ビストロ…」,「JR高尾駅」等を,右に4文字分移動させる。
   ⑤ 「日時」,「場所」,「アクセス」等を,均等割り付けする。

・練習1のヒント
[ページレイアウト]タブ→[ページ設定]グループ→[サイズ]ボタンで表示されたプルダウンメニューでB5を選択する。
余白を「やや狭い」に設定し,行数を36に設定すると収まりがよい。

・練習2のヒント
ファイル「歓迎会のご案内_課題」を使用する。

・均等割り付けの設定方法
①[ホーム]タブ→[段落]グループ→[拡張書式]ボタンをクリックする。
②表示されたプルダウンメニューより[文字の均等割り付け]をクリックする。
③表示された[文字の均等割り付け]ダイアログボックスで,現在の文字の幅が表示されるので,設定したい文字幅を入力する。
④[OK]ボタンをクリックする。

2.2.3　ヘッダーとフッターの利用

ヘッダーとは本文上部と余白の間, フッターは本文下部と余白の間である。ヘッダー・フッターの編集は, [挿入]タブ→[ヘッダーとフッター]グループ→[ヘッダー] または [フッター]ボタンで行う(図2.2.13)。

図2.2.13　ヘッダーとフッターグループ

ヘッダーとフッターには, 各ページで共通の内容を記述することができる。そのため, 文書のタイトルやページ数等を設定することが一般的である。また, 表示されたツールバーから定型句を設定することができる。定型句には, 次のようなものがある(表2.2.1)。

表2.2.1　よく使う定型句

定型句	説　明
ページ数	ページ数(該当ページのページ数)が表示される。
総ページ数	文書全体でのページ数が表示される。
日付	現在の日付が表示される。
文書名	文書名が表示される
作成日／修正日	いつ作成した(修正した)資料であるか表示する。

・印刷した資料は, 自分の手から他の人に渡る。そのため, 「誰が」「いつ」作成したものかが一目でわかることが重要である。

課題3

歓迎会の案内にヘッダーとフッターを設定しよう。

＜操作手順＞

① ファイル「歓迎会のご案内(ヘッダーとフッター)」を開く。

Step 1　初めに, ヘッダーを挿入しよう。

② [挿入]タブ→[ヘッダーとフッター]グループ→[ヘッダー]ボタンをクリックする。

③ 表示されたプルダウンメニューからヘッダーの種類を選択する。ここでは, [グリッド]を選択する(図2.2.14)。

図 2.2.14　ヘッダーの種類の選択

④　表示されたヘッダー編集画面(図 2.2.15)で，[文書のタイトル]プレースホルダをクリックし，「テニスサークル 2015 年度歓迎会のご案内」と入力する。

図 2.2.15　文書のタイトルを入力

⑤　同様に，[日付]プレースホルダをクリックする。さらに，▼をクリック。表示されたカレンダーから日付を選択する(図 2.2.16)。

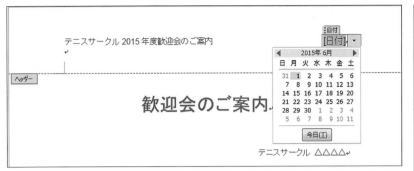

図 2.2.16　日付の選択

⑥ ヘッダーの文字の位置を設定する。[上からのヘッダー位置]を 20mm とする。

Step 2　次に，フッターを挿入しよう。

⑦ 続いてフッターを挿入する。[挿入]タブ→[ヘッダーとフッター]グループ→[フッター]ボタンをクリックする。

⑧ 表示されたプルダウンメニューから，ここでは，[スライス]を選択する。

⑨ [作成者]プレースホルダに，「テニスサークル Play Tennis Everyday」と入力する(図 2.2.17)。

図 2.2.17　作成者名の入力

最後に本文の部分をダブルクリックすると，ヘッダーとフッターの挿入が完成する。

以上で，「歓迎会のご案内(ヘッダーとフッター)」の完成である。

■ 練習 ■

ヘッダー・フッターの設定をいろいろと変更してみよう。

・ヘッダーの編集の終了
ヘッダーの編集を終了するには，本文の任意のか所をダブルクリックする。

・ヘッダーから直接，フッターに行くには
ヘッダーから直接，フッターに行くには，[ヘッダー／フッターツール]→[デザイン]タブ→[ナビゲーション]グループ→[フッターに移動]ボタンをクリックする。

・練習のヒント
ヘッダー・フッターを変更するには，ヘッダー・フッターに当たる箇所をダブルクリックする。または，[挿入]タブ→[ヘッダーとフッター]グループのヘッダー(またはフッター)から[ヘッダーの編集]を選択する。

2.2.4 段組を組む

段組とは,文書の1ページを複数の列に分割することである。1行の文字数が多いときには,段組を組んだ方が読みやすい。

[ページレイアウト]タブ→[ページ設定]グループ→[段組]ボタンで段組の設定をすることができる(図2.2.18)。

・段組は2列や3列など任意の列数が設定できる。

図2.2.18 段組みボタン

課題4

「コンピュータについて」という文書を,境界線のついた2段組の文書に組んでみよう(図2.2.19)。

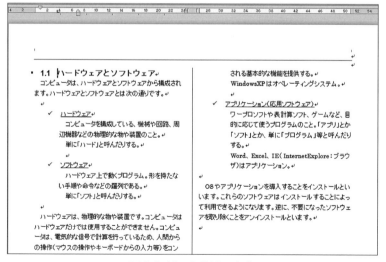

図2.2.19 2段組の文書

＜操作方法＞

① ファイル「コンピュータについて（段組）」を開く（図 2.2.20）。

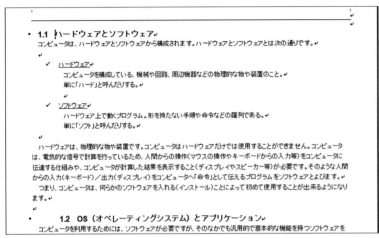

図 2.2.20 「コンピュータについて（段組）」ファイルの内容

② カーソルを，章タイトル「1.1　ハードウェアとソフトウェア」の行頭に移動してクリックする。

③ ［ページレイアウト］タブ→［ページ設定］グループ→［段組］をクリックする。

④ 表示されたプルダウンメニューで［段組みの詳細設定(C)］をクリックする（図 2.2.21）。

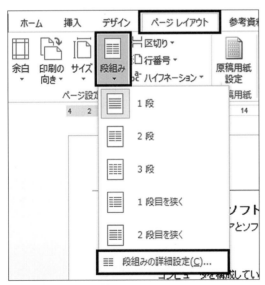

図 2.2.21 ［段組み］のプルダウンメニュー

⑤ 表示された[段落]ダイアログボックスで，[種類]の[２段(W)]をクリックする。

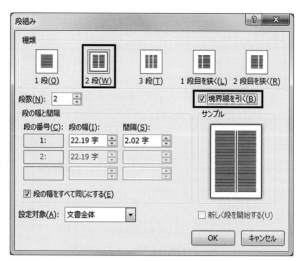

図 2.2.22 ［境界線を引く］操作

⑥ 同様に[境界線を引く(B)]にチェックマークを入れる(図 2.2.22)。
⑦ [OK]ボタンを押すと，２段に組まれた文書が表示される(図 2.2.19)。

■ 練習 ■

1. １段目と２段目の幅を変更してみよう。
2. ３段組に変更してみよう。

2.3 文字列の検索／置換

レポートや論文は，数十ページに及ぶことがある。このような長い文章を取り扱う際には，自分の探したいキーワードや参照したい箇所を見つけることが難しい。このような場合には，ナビゲーションウィンドウを使って文書全体を俯瞰（ふかん）したり，文字列の検索機能を使うと便利である。ここでは「検索」と「置換」機能について学ぶ。

・メモ帳や他のアプリケーションでも検索機能が利用できる。アプリケーションによって若干機能の差はあるが，基本的な操作は類似している。

2.3.1 検索機能

検索機能は，[ホーム]タブ→[編集]グループ→[検索]ボタンに用意されている。検索は，ナビゲーションウィンドウと合わせて使うことで，全体の内容を俯瞰しながら探したい文字列を検索することができる。

・**ナビゲーションウィンドウの表示**は，ショートカットキーで[Ctrl]＋[F]で表示することができる。

図 2.3.1　[編集]グループ

> **課題 1**
>
> ファイル「ナビゲーションウィンドウの検索サンプル」（図2.3.2）を開いて，「設計書」という文字列を検索しよう。

＜操作方法＞

① [ホーム]タブ→[編集]グループ→[検索]ボタンをクリック。すると，画面右側にナビゲーションウィンドウが表示される（図2.3.2）。

・**検索機能の一般的な操作方法**
検索機能を利用するには，(編集)グループ→(検索)ボタンをクリックする。ナビゲーションウィンドウが開かれるので，[文書の検索]ボックスにキーワードを入力する。

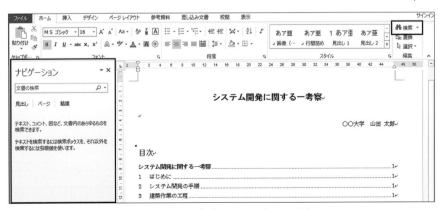

図 2.3.2　ナビゲーションウィンドウ

② ナビゲーションウィンドウの[文書の検索]ボックスをクリックし、「設計書」と入力して[Enter]キーを押す。
③ 検索の結果、検索対象の「設計書」という文字列が含まれる[見出し]に色が付き、「設計書」という文字列が見つかったことがわかる(図2.3.3)。

> ③ここで、ナビゲーションウィンドウの[見出し]をクリックすると、見出し一覧が表示される(図2.3.3)。各見出しをクリックするとその見出しの節に移動する。

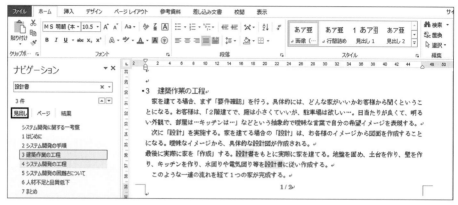

図 2.3.3　検索結果の色付き

・「検索結果の表示」

　この状態でナビゲーションウィンドウの[結果]をクリックすると、本文中の検索結果を表示することができる。

> ・検索対象の文字列だけでなく、その文字列を含む近辺の文書が表示されるので便利である。

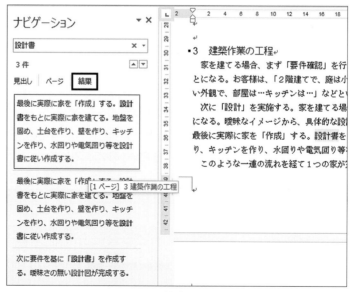

図 2.3.4　検索結果の表示

2.3.2 置換機能の活用

　置換機能も，[ホーム]タブ→[編集]グループに用意されている（図2.3.1）。置換機能を利用することで，特定の文字列を別の文字列に置き換えることができる。置換を行う場合は，[検索と置換]のダイアログボックスで，検索する文字列（置き換えたい文字列）と置換後の文字列の両方を指定する。置換の方法としては，1つずつ順次置き換える方法と，一括して全部置き換える方法とがある。

・文字列の置換も，Wordに限らずさまざまなアプリケーションで行うことができる。

・**[検索と置換]のダイアログボックスの表示**は，ショートカットキーで[Ctrl]+[H]で表示することができる。

課題2
「コンピュータについて（検索と置換）」という文書で，「コンピューター」という用語を，「コンピュータ」に置き換えよう。

・コンピュータ用語では，コンピュータやリテラシのように，語尾に長音を使わない表記が一般的である。

＜操作方法＞
① ファイル「コンピュータについて（検索と置換）」を開く。
② [ホーム]タブ→[編集]グループ→[置換]ボタンをクリック。

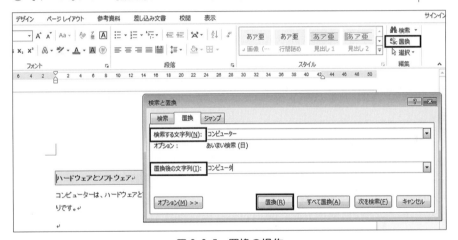

図2.3.5　置換の操作

③ 表示されたダイアログボックス（図2.3.5）で，検索する文字列に「コンピューター」，置換後の文字列に「コンピュータ」と入力する。
④ [置換(R)]ボタンをクリックし，1つひとつ確認しながら，順次置換する。
⑤ 2～3つほど確認して置換したら，残りは一括で置換する。[すべて置換(A)]をクリックする。

・このように，1つずつ順次置き換える場合には，[置換(R)]のボタンをクリックし，一致した文字列を一括して置き換える場合には，[すべて置換(A)]のボタンをクリックする。

■ 練習 ■
1. 情報に関する文書にて「情報リテラシー」をすべて「情報リテラシ」に置き換えてみよう。
2. 「、」を「，」に変更してみよう。

・、。ではなく，（カンマ）．（クロマル）を使うことも多い。

・[オプション]
オプションを有効にする時にクリックする。

3．「。」を「．」に変更してみよう。

■高度な検索

　書式を指定した検索や置換も可能である。太字の箇所だけ検索したり，MSゴシックのフォントをMS明朝に置換したりすることができる。書式を変換する際に便利である。

　高度な検索を利用するには，[ホーム]タブ→[編集]グループ→[検索]のプルダウンを表示し，[高度な検索(A)]を選択する（図2.3.6）。

・高度な検索の例
たとえば，太字検索の場合，[高度な検索]をクリック。表示された[検索と置換]ダイアログボックスで[検索]タブ→[オプション]→[書式]→[フォント]をクリック。表示された[検索する文字]ダイアログボックス上で[フォント]タブ→[スタイル]→[太字]を選択して[OK]ボタンを押す。[検索と置換]ダイアログボックス上で[次を検索]ボタンを押すと，文章中の太字で表記された項目が，表示される。

図2.3.6　[高度な検索]の選択

■ワイルドカードの利用

　また，文字列を検索するときに，任意の文字を対象にした検索ができる（図2.3.7）。任意の文字のことをワイルドカードと呼ぶ。例えば，「こんにちは」と「こんにちわ」を両方検索したいとき等に，「こんにち？」と指定する。

・[ワイルドカードを使用する]：[検索と置換]ダイアログボックス上で[オプション(H)]をクリック→表示された検索オプションメニューで，[ワイルドカードを使用する]欄をチェックする。

・「こんにち？」の？は任意の1文字に該当する。？は半角で入力する。

・[特殊文字]：段落の文字やタブ文字等の特殊な文字を検索する際に利用する（図2.3.7）。

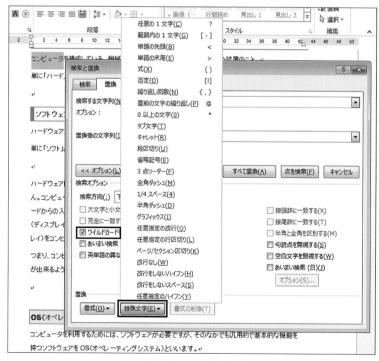

図2.3.7　特殊文字の利用

2.4 画像や図形の編集

2.4.1 画像の挿入と拡大／縮小／折り返し

文書に画像を挿入するには，大きく2つの方法がある。1つの方法は，すでにある画像ファイルのファイル名を指定して挿入する方法であり，もう1つは，コピーアンドペーストで直接挿入する方法である。

ファイル名を指定して図を挿入する場合は，[挿入]タブ→[図]グループから操作を行う。

(1) 挿入した画像を拡大／縮小／回転させる

挿入した図形は，拡大・縮小したり，回転させることができる。画像を選択し(図2.4.1)，以下に示す各ポイントをマウスでドラッグする。さらに，[レイアウトオプション]ボタンで文字の折り返しを設定できる。

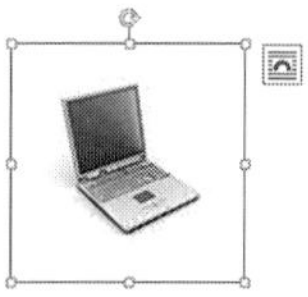

> ・図形の移動
> 図形を移動するには，ドラッグ＆ドロップでできるが，キーボードの十字キー(上下左右)を使う方法もある。
> 特に位置を微調整する場合は，キーボードの矢印キー(上下左右)と[Ctrl]キーを押しながら行うと，細かい移動ができる。

　…回転する

　…縦と横の比率を維持したまま，拡大・縮小する

　…縦と横の比率を維持しないで，拡大・縮小する。つまり横長，縦長にできる

　…[レイアウトオプション]ボタンでは，文字列の折り返しを設定することができる。

図2.4.1　画像の操作

(2) 文字列の折り返し

図を挿入した場合に，画像と文字との位置関係を指定することができる。この位置設定を「文字列の折り返しの設定」という。折り返しの設定は，画像を選択した状態で右クリックし，[文字列の折り返し]で設定を行う。また，図をクリックした時に表示される[レイアウトオプション]ボタンをクリックしても良い。

> ・文字列の折り返し
> 画像を選択した状態で，[図形ツール]→[書式]タブ→[配置]グループ→[文字列の折り返し]と操作してもよい。

■文字列の折り返しを「行内」にした場合

・「行内」の場合
画像は，文字と同等に扱われるため，1行に文字と並んで表示される。

図 2.4.2　文字列の折り返し[行内]

■文字列の折り返しを「四角」にした場合

・「四角」の場合
画像を囲んで文字が表示される。

・[アンカー]アイコン ⚓
挿入した図をクリックすると，行の左上に[アンカー]アイコン ⚓ が表示される。図は，この[アンカー]アイコンとの相対位置で表示される。つまり，文字の前の文字数が変わり，行の位置が変化しても，それに伴って[アンカー]アイコンとの相対的位置が保てるように，図も移動する。

図 2.4.3　文字列の折り返し[四角]

課題 1

ファイルを指定して画像を文書に挿入し，拡大／縮小／回転してみよう。

＜操作手順＞
① [挿入]タブ→[図]グループ→[画像]ボタンをクリックする。
② 表示された[図の挿入]ダイアログボックスで，画像ファイル「携帯電話.jpg」を選択し，[挿入]ボタンをクリックする(図 2.4.4)。
③ 同じ手順で，「ミュージックプレーヤー.jpg」を挿入する(図 2.4.4)。

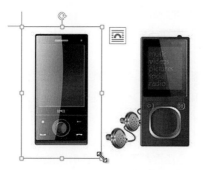

図 2.4.4　画像の操作（挿入後）

④ ③で挿入した画像を縮小しよう。まず，画像をクリックして選択する。画像の右下のマーク ￬ をドラッグして図を縮小する。「携帯電話」については，縦横 2/3 程度に縮小する。「ミュージックプレーヤー」については，縦横 1/2 程度に縮小する（図 2.4.5）。

図 2.4.5　画像の操作（縮小後）

⑤ 画像を回転させる。回転は，画面の上部のマーク ⚲ をドラッグして行う。「携帯電話」については，左回り（反時計回り）に 30 度程度傾ける。「ミュージックプレーヤー」については，右周り（時計回り）に 30 度程度傾ける（図 2.4.6）。

図 2.4.6　画像の操作（傾き後）

課題 2

インターネットの画像をダウンロードし，文書に挿入しよう。

＜操作方法＞
① ブラウザ（インターネット閲覧ソフト）を起動する。

・① は Google の画像検索を利用してもよい。

② 好きなホームページで画像を見つける。
③ その画像上で右クリック。表示されたメニューから[コピー]をクリックする。
④ Wordに戻り,挿入したい位置にカーソルを合わせ,[ホーム]タブ→[クリップボード]グループ→[貼り付け]ボタンをクリック。

■スクリーンショットの挿入

文書に,パソコンの画面を挿入することができる。この画像や機能を,スクリーンショットという。スクリーンショット機能は,[挿入]タブ→[図]グループ→[スクリーンショット]ボタンに用意されている。

> **課題3**
>
> 電卓のスクリーンショット(図2.4.7)を挿入しよう。

図2.4.7　スクリーンショットの利用

＜操作手順＞
① [スタート]ボタン→[すべてのプログラム]→[アクセサリ]→[電卓]をクリック。
② Wordに戻り,画像を挿入したい箇所にカーソルを移動する。
③ [挿入]タブ→[図]グループ→[スクリーンショット]をクリック。
④ 表示されたプルダウンメニューの中から,電卓の画像を選択する。すると,電卓の画像がWordに挿入される。

■ 練習 ■

電卓の1〜9の数字の部分だけキャプチャしてWordに挿入しよう(図2.4.8)。

・③以降
次のように一度ファイルを保存してから貼り付けても良い。その場合は,以下のように操作する。
③その画像上で右クリック→(名前を付けて保存)をクリック。保存先に,デスクトップ等を指定する。
④Wordに戻り,[挿入]タブ→[図]グループ→[画像]ボタンをクリック。
⑤表示された[図の挿入]ダイアログボックスで,③で保存した画像を選択する。

・スクリーンショット
コンピュータの画面を文書に挿入することができる。このコンピュータの画像をスクリーンショットと呼ぶ。

・スクリーンショットを撮ることを"スクリーンショットをキャプチャする"とも呼ぶ。

・キーボードで[Print Screen]や[PrtSc]などと表記されたキーを押下することで,現在表示されている画面のスクリーンショットをとることが可能。その後,Wordに移り,[貼り付け]を行うと,その画面をWord文書上で利用することができる。

・練習のヒント
[挿入]タブ→[図]グループ→[スクリーンショット]をクリックし,プルダウンリストから[画面の領域]を選択する。すると範囲選択画面が表示されるので,電卓の数字の部分を[＋]マークでドラッグアンドドロップして選択する。

図 2.4.8　部分的にキャプチャした画像

> **課題 4**
>
> 画像をペイントソフトから直接コピーして，Word に挿入しよう。

＜操作方法＞
① 挿入したい画像をコピーし，[ペイント]ソフトにペーストする。
② [ホーム]タブ→[イメージ]グループ→[選択]ボタンの▼をクリック。表示されたプルダウンメニューの[すべて選択(A)]をクリック。
③ [クリップボード]グループ→[コピー(C)]をクリックする。
④ Word 上で，画像を貼り付けたい箇所をクリックする。
⑤ [ホーム]タブ→[クリップボード]グループ→[貼り付け]ボタンをクリックする。すると，画像が編集中の Word 文書に挿入される。

■オンライン画像の挿入

　オンライン画像を挿入しよう。オンライン画像は，[挿入]タブ→[図]グループ→[オンライン画像]ボタンをクリックし，表示された[画像の挿入]ダイアログボックスで[Bing イメージ検索]ボックスにキーワードを入力して，検索を行う（図 2.4.9）。

図 2.4.9　オンライン画像の挿入

・**ペイントの起動**
[スタート]→[すべてのプログラム]→[アクセサリ]→[ペイント]をクリック。

・**課題 4 の流れ**は以下のようである。
①[ペイント]ソフトを使って画像ファイルを開く。
②[ペイント]ソフト上で画像をコピーする。
③ Word 文書に，画像を貼り付ける。
・②で，四角形選択や自由選択を選び，任意の部分をコピーしても良い。

・オンライン画像からの図の挿入については，本書第 3 章 PowerPoint による知のプレゼンテーションの 3.4.1(2)「オンライン画像から図を挿入する」を参照のこと。

■ 練習 ■

1．サッカーの"イラスト"を検索してみよう。"イラスト"を検索するにはどうすれば良いだろうか。
2．サッカーの"写真"を検索してみよう。"写真"を検索するにはどうすれば良いだろうか。

・練習2のヒント
・[Bing イメージ検索]ボックスに"イラスト"や"写真"として入力して検索することができる。

2.4.2 図形ボタンを利用して、図を描いてみよう

図形を描くときは、オートシェイプを利用すると便利である。オートシェイプは、[挿入]タブ→[図]グループ→[図形]ボタンに用意されている(図2.4.10)。

・複雑な図を描きたい場合には、他のツールを使った方がよいケースもあるが、比較的単純なものであれば、オートシェイプを組み合わせることで作成することができる。

・[図形]の利用
[図形]には文字の記述や塗りつぶしや半透明化、表示の順序等の設定が可能である。
・**文字の追加**は、[図形]を選択し、マウスを右クリックする。表示されたプルダウンメニューから[テキストの追加(X)]を選択する。
・**塗りつぶしと半透明化**は、[図形]を右クリックし、表示されたプルダウンメニューから、[図形の書式設定(O)]→[塗りつぶし]を選択する。

・図形の順序
・図形を重ねて表示する場合、重なった図形のどちらが前面(背面)となるかの設定ができる。表示順序の変更は、マウス右クリックのプルダウンメニューの[最前面へ移動]、[最背面へ移動]から行う。[描画ツール]の[書式]タブ→[配置]グループでも設定が可能である。

図2.4.10 [図形]のプルダウンメニュー

課題5

図形(オートシェイプ)を使って、図2.4.11のような図を描こう。

2.4 画像や図形の編集 | 95

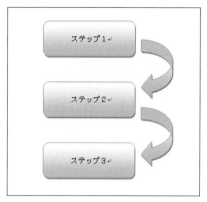

図 2.4.11　3ステップを表現した図

<操作方法>

Step 1　角丸四角形を描く

① [挿入]タブ→[図]グループ→[図形]ボタンをクリック。
② 表示されたプルダウンメニューの中から，[角丸四角形]を選択する。作成中の文書上でドラッグして，大きさや位置を適切に設定する。
③ 図形をコピーする。

　②で描いた図を選択する。図の上にカーソルがある状態で右クリックし，プルダウンメニューを表示する。プルダウンメニューから[コピー]を選択する（図2.4.12）。

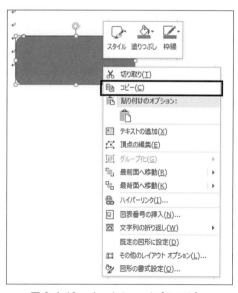

図 2.4.12　オートシェイプのコピー

④ ③でコピーした図形を，2つ貼り付ける。Word文書中で右クリックし，プルダウンメニューを表示する。プルダウンメニューから[貼付け]をクリック。2回貼り付けを行う。
⑤ 3つの図形の位置を縦に並べて，適切な位置に配置する。

・**課題5は次の5つのステップで，図を作成する。**
Step1．角丸四角形の作成
Step2．3つの角丸四角形の整列
Step3．矢印の追加
Step4．文字を入力
Step5．スタイルの設定

・**③図形のコピー**
・[Ctrl]キーを押しながらドラッグアンドドロップしても，コピーできる。

・**⑤この段階では，きれいに並べられなくて良い。この後のStep2の操作で3つの四角形を整列する。**

> ・①[Ctrl]キーでも良い。

Step 2　3つの四角形を整列する

① [Shift]キーを押しながら順に図形をクリックし、すべての図形を選択する。
② [描画ツール]→[書式]タブ→[配置]グループ→[配置]ボタンをクリックする。
③ 表示されたプルダウンメニューから、[左右中央揃え(C)]をクリック。
④ 同様に[配置]ボタンのプルダウンメニューから、[上下に整列(V)]をクリックする（図2.4.13）。

図 2.4.13　オートシェイプの整列

Step 3　矢印を描く

① 矢印の画像を挿入する。[挿入]タブ→[図]グループ→[図形]ボタンをクリックする。
② 表示されたプルダウンメニューの中から、[左カーブ矢印]をクリック。
③ 挿入した矢印の画像をコピー、貼り付けし、適切な位置に配置する。Step 2と同様に、整列も行う。

Step 4　[角丸四角形]の中に、文字を入力する

① [角丸四角形]の図形を選択し、右クリックする。
② 表示されたプルダウンメニューから[テキストの追加(X)]を選択する。
③ 「ステップ1」と入力する。他の2つについても同様に「ステップ2」「ステップ3」と入力する。

> ・**図形に文字を入力する**には、図形を選択し、そのまま文字を入力しても良い。

Step 5　スタイルを設定する

① スタイルを設定する。[Shift]キーを押下しながら、5つの図形をすべて選択する。
② [描画ツール]から[書式]タブ→[図形のスタイル]グループ→[詳細]ボ

タン ➡表示された［図形の書式設定］作業ウィンドウの［塗りつぶし（グラデーション）］を選択し，好みの色とグラデーションを設定する。

以上で，「簡単なイラスト」の完成である。

■ 練習 ■

1. チェコの国旗を描いてみよう。国旗の縦横比は２：３で，国旗の中心点で青，白，赤の部分が接するものとする（図2.4.14）。

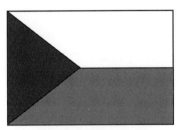

図2.4.14　チェコの国旗

・**練習1のヒント**
白の長方形，赤の長方形（白の高さの半分），青の三角形の３つの図形を作成する。前面から青の三角→赤い長方形→白い長方形の順である。

2. さまざまな図形（オートシェイプ）を使って，以下の図を作ってみよう。

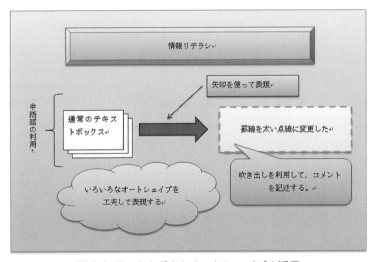

図2.4.15　さまざまなオートシェイプの活用

・**練習2のヒント**
使っている種類は，［額縁］，［縦書きテキストボックス］，［左中かっこ］，［テキストボックス］，［右矢印］，［線吹き出し1（枠付き）］，［正方形／長方形］，［丸角四角形吹き出し］，［雲］である。

・［**線吹き出し1（枠付き）**］については，線の先頭を矢印にする必要がある。［図形の書式設定］にて，［線のスタイル］の［矢印の設定］で設定できる。

・［**テキストボックス**］を**3つ重ねる**には，［前面に移動］，［背面に移動］を選択して行う。

・［**正方形／長方形**］の線の色や太さを変更するには，［図形の書式設定］にて，［線の色］や［線のスタイル］で行う。

2.4.3　SmartArtの利用と操作

SmartArtとは，情報を視覚的に表現するためのもので，効果的な図表を簡単に作成できる。組織図やベン図など，ビジネス文書で用いられるデザイン・レイアウトが豊富に用意されている。［挿入］タブ→［図］グループ→［SmartArt］ボタンから利用することができる。

・**SmartArtの利用**については，本書第3章 PowerPointによる知のプレゼンテーションスキル 3.3.4(3)「図表の作成 SmartArtグラフィックの利用」を参照のこと。

課題6

SmartArtを用いて簡単な組織図を描こう。

＜操作手順＞

① [挿入]タブ→[図]グループ→[SmartArt]ボタンをクリックし，表示されたダイアログボックスで[階層構造]の「組織図」を選び，[OK]ボタンを押す(図2.4.16)。

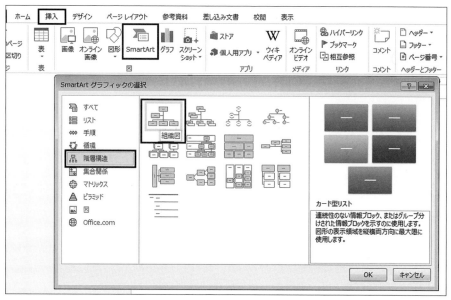

図2.4.16　SmartArtの選択

② [SmartArtツール]→[デザイン]タブ→[SmartArtのスタイル]グループから「光沢」を選ぶ(図2.4.17)。

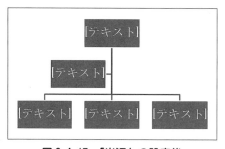

図2.4.17　「光沢」の設定後

・**[右から左]ボタン**では左右のレイアウトが入れ替わる。

③ [グラフィックの作成]グループ→[右から左]をクリックする(図2.4.18)。

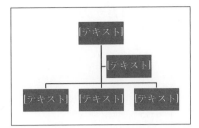

図2.4.18 右に移動後

④ 下に並んでいる3つの要素のうち,まず左の四角形をクリックし,[グラフィックの作成]グループ→[図形の追加]を2回クリックする。
⑤ 中央の四角形をクリックし,[図形の追加]を2回クリックする。
⑥ 右の四角形をクリックし,[図形の追加]を1回クリックする(図2.4.19)。

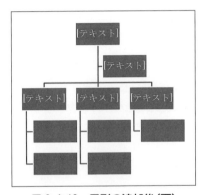

図2.4.19 図形の追加後(下)

⑦ 一番上の四角形上でクリックし,[グラフィックの作成]グループ→[図形の追加]の▼ボタンをクリック。→表示されたメニューから[上に図形を追加]をクリック(図2.4.20)。

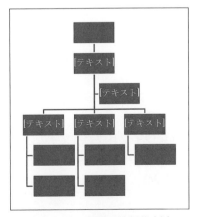

図2.4.20 図形の追加後(上)

⑧ [デザイン]タブ→[色の変更]ボタンをクリック。「カラフル－アクセント3から4」を選択する(図2.4.21)。

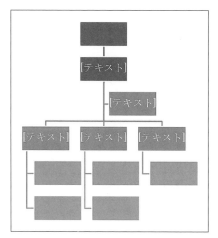

図2.4.21 「カラフル－アクセント3から4」の設定後

・**複数の図形要素をすべて選択するには**, [Shift]キーを押しながら各要素をクリックする。
全体を選択する場合は, 外枠をクリックしても良い。

⑨ 図形要素をすべて選択し, マウスの右ボタンをクリックして[フォント]を選び, [日本語用のフォント]で「MSP ゴシック」を選択する。
⑩ [グラフィックの作成]グループ→[テキストウィンドウ]をクリックし, 各図形要素に名称を入力する(図2.4.22)。

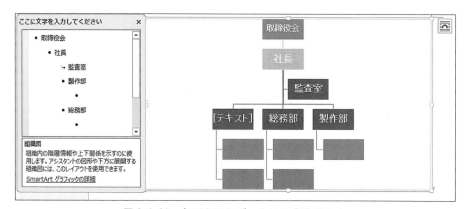

図2.4.22 各テキストボックスに名称を入力

⑪ 要素の1つの上でマウスの右ボタンをクリックし, 表示されたメニューから[図形の書式設定]を選択する。
⑫ 表示された画面右の[図形の書式設定]作業ウィンドウで, [文字のオプション]→[レイアウトとプロパティ]をクリック。→[左余白]と[右余白]を0.4cmに変更する(図2.4.23, 図2.4.24)。

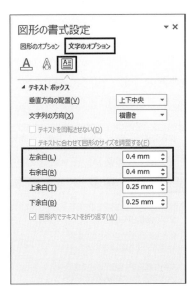

図 2.4.23 図形の書式設定

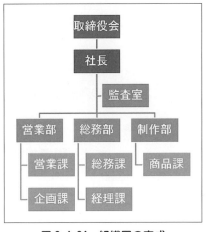

図 2.4.24 組織図の完成

⑬ [閉じる]をクリック。以上で完成である。

■ 練習 ■

1. 放射型ベン図を使って「賃金支払いの五原則」を表現しよう（図 2.4.25）。

・練習1のヒント
集合関係の[放射型ベン図]を使用する。SmartArt のスタイルとして「光沢」を使用する。

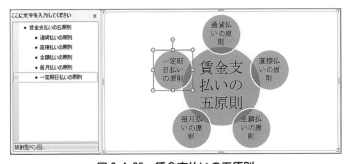

図 2.4.25 賃金支払いの五原則

2. 「矢印無し循環」を使って「三権分立」を表現しよう（図 2.4.26）。

・練習2のヒント
集合関係の「矢印無し循環」を使用する。「矢印無し循環」は，5つの枠があるので，2つ枠を削除する。色は「枠線のみ アクセント1」を使用する。SmartArt のスタイルは「フラット」を使用する。

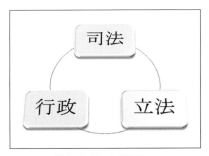

図 2.4.26 三権分立

2.4.4　文字の効果の利用

文字の効果を使って華やかな文字を作成することができる。カタログやポスターの制作には欠かせない。文字の効果は，[ホーム]タブ→[フォント]グループ→[文字の効果と体裁]ボタンに用意されている（図2.4.27）。

・Word2010の新機能なので，それ以前のバージョンで作成したWord文書では互換性モードで開かれるため使えない。互換性モードを解除すれば，利用できるようになる。

・**文字の効果**は，Word2010からの新しい機能である。以前のバージョンのWordでは，ワードアートという機能を使って文字を装飾できる。

・**ワードアートの利用**に関しては，本書第3章PowerPointによる知のプレゼンテーションスキル 3.3.4(1)「文字の装飾 ワードアートの利用」を参照のこと。

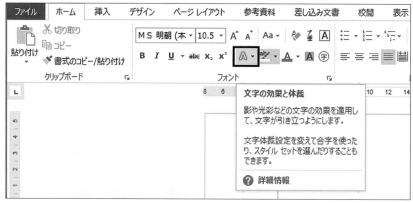

図2.4.27　文字の効果の設定

【練習】

1．文字の効果を使って「豊かな表現が可能」と書いてみよう。2つ以上の効果を設定しよう。
2．ワードアートを使って「豊かな表現が可能」と書いてみよう。2つ以上の効果を設定しよう。

■　図ツールを利用した画像の効果

Word2013では，図にアート効果を施すことができる。画像を選択した状態で，図ツールの[書式]タブ→[調整]グループや[図のスタイル]グループで設定する（図2.4.28）。

図2.4.28　[調整]グループと[図のスタイル]グループ

【例】

以下は，ファイル「植物のサンプル画像」にアート効果を設定し，左から，[アート効果]で[なし]，[ガラス]，[光彩：輪郭]効果をかけたものである。

［なし］　　　　　　［ガラス］　　　　　［光彩：輪郭］

以下は, 左から, ［図のスタイル］で［シンプルな枠, 白］, ［面取り楕円, 黒］, ［透視投影, 面取り］効果をかけたものである。

［シンプルな枠, 白］　　［面取り楕円, 黒］　　［透視投影, 面取り］

■ 練習 ■

上の例以外の, さまざまなアート効果, 図のスタイルを設定してみよう。

2.5　表とグラフの作成と編集

2.5.1　表の作成と編集

　ここでは，表の作成と編集方法を学ぶ。表を作成するには，行と列の数を指定して挿入する方法と，マウスで罫線を引く方法とがある。多くの場合，双方を組み合わせて描くと描きやすい。表を描くためのツールは，[挿入]タブ→[表]グループの[表]ボタンに用意されている。また，表にスタイルを適用すると，美しい表を作成することができる。表のスタイルは，[表ツール]→[デザイン]タブ→[表のスタイル]から設定する（図2.5.1）。

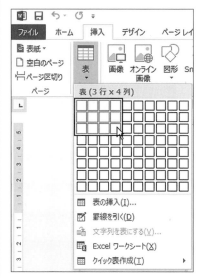

図2.5.1　表の挿入

課題1

スタイルを利用して時間割を作成しよう。自分の履修している科目を入力しよう。

<操作方法>
① [挿入]タブ→[表]グループ→[表]ボタンをクリックする。
② 6行×7列の領域を選ぶ。すると，6×7の表が作成中の文書に挿入され（図2.5.2），リボンが[表ツール]に替わる（図2.5.3）。

・表はカーソルの位置から右下部分に作成される。

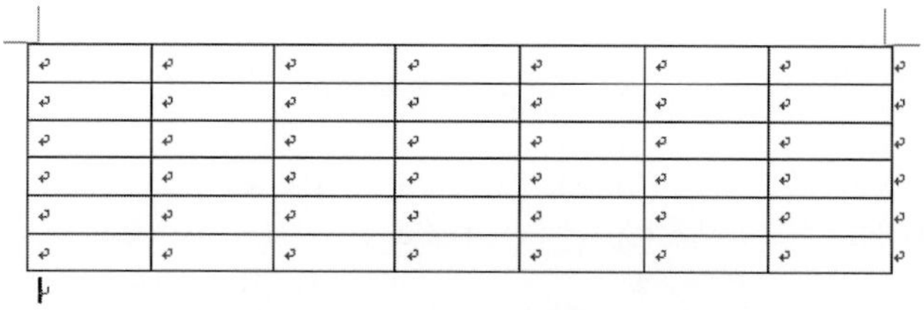

図 2.5.2　6 行× 7 列の表挿入後

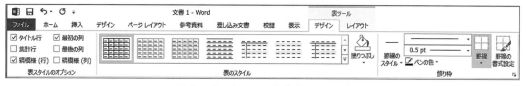

図 2.5.3　表ツール[デザイン]タブ

③ [表ツール]→[デザイン]タブ→[表スタイルのオプション]グループで，[タイトル行]，[最初の列]，[縞模様（行）]の 3 つのチェックボックスにチェックを入れる。

④ [表のスタイル]グループのサンプル一覧から，[グリッド（表）5 濃色-アクセント 1]をクリックする。すると，作成中の表に[グリッド（表）5 濃色-アクセント 1]のスタイルが適用される（図 2.5.4）。

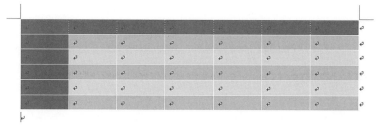

図 2.5.4　[グリッド（表）5 濃色-アクセント 1]のスタイル適用後

・表スタイルの変更
ひと通り表を作成した後でも，マウスポインタを表に置いて，他の表スタイルを選べば変更できる。

⑤ マウスポインタを表の左上角部に重ね，表示されるマーク ✥ をクリックして表全体を選択する。

⑥ [表ツール]→[レイアウト]タブ→[配置]グループ→[中央揃え]ボタンをクリックし，文字列を中央揃えする。

⑦ 表の各セルに，曜日，1〜5 限目の数字，科目名を入力して完成させる。自分の履修科目を入力する（図 2.5.5）。

・月, 水, 金の列は色の関係でカーソルがあることがわかりにくい。カーソルが当たっていないように見えるが, クリックして入力を始めると入力できる。

	月	火	水	木	金	土
1			科目E			
2	科目A		科目F		科目H	
3	科目B			科目G		科目J
4		科目C			科目I	
5		科目D				

図 2.5.5　時限・曜日・科目入力後

課題2

課題1で作成した時間割表をさらに編集しよう。ここでは, 罫線とフォントを変更する。

＜操作方法＞

① 罫線の色と太さを調整してみよう。[表]ツール→[デザイン]タブ→[飾り枠]グループ→[ペンの色]ボタンをクリックし, 表示されたプルダウンメニューから[青]を選択する。また[ペンの太さ]を1.5ptにする。

・ペンの色を設定すると, [罫線の書式設定]がアクティブ(押された状態)になり, 罫線モードになる。

② 曜日の下の太白線をドラッグ操作でなぞる。あわせて, 時限1〜5の右の太白線をドラッグ操作でなぞる(図2.5.6)。

・②で罫線の太さをいろいろと変えて試してみよう。

	月	火	水	木	金	土
1			科目E			
2	科目A		科目F		科目H	
3	科目B			科目G		科目J
4		科目C			科目I	
5		科目D				

図 2.5.6　罫線変更後

③ [罫線の書式設定]をクリックし, 罫線モードを抜ける。
④ 科目のセルを1つクリックする。さらに[Ctrl]キーを押しながら, 他の科目をクリックし, 複数の科目を選択する。
⑤ [ホーム]タブ→[フォント]グループ→[太字]をクリックして, ④で選択した科目名を太字に変更する(図2.5.7)。

■セルの選択
・単一セルを選択
セル内の左端付近にマウスポインタを持ってくると, 以下のような形状になる。この状態でクリックする。

・ここでは, 科目A・科目F・科目G・科目Ⅰを選択して太字にする。

	月	火	水	木	金	土
1			科目E			
2	科目A		科目F		科目H	
3	科目B			科目G		科目J
4		科目C			科目I	
5		科目D				

図2.5.7　科目名を太字に変更

(1) 表と罫線の操作

ここでは，セルの大きさや行・列の幅が異なるような複雑な表現の表を扱う。以下に表や罫線に関する操作を記述する。

■表やセルの選択

●表全体を選択

表をクリックすると，表の左上に ✥ が表示される。このマークをクリックすると表全体が選択できる。

●行を選択

行の先頭の部分をクリックする（図2.5.8）。さらにドラッグすることで複数行も選択できる。

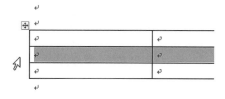

図2.5.8　行の選択

●列を選択

列の先頭の部分をクリックする（図2.5.9）。さらにドラッグすることで複数列も選択できる。

図2.5.9　列の選択

■行や列の挿入／削除

行の挿入をするには，[挿入マーク]を使う。追加したい行の左上にカーソルを合わせると[挿入マーク] ⊕ が表示される。これをクリックすると行を挿入できる（図2.5.10）。2行選択した状態で同様の処理を行うと2

・複数セルを選択
選択したいセル範囲をドラッグする。

・罫線を選択
罫線の上にマウスポインタを持ってくると ⇕ または ⇔ が表示される。この状態でドラッグ＆ドロップすることで列幅，行幅を変更することができる。

・行や列の挿入／削除
行や列を挿入・削除するには，[表ツール]→[レイアウト]タブ→[行と列]グループに用意されている各種ボタンを利用しても良い。

・新たに行の挿入をするには，右クリックで表示されるプルダウンメニューから，[挿入(I)]を選択し，[上に行を挿入(A)]または[下に行を挿入(B)]を選択する(図2.5.10)。

行を削除するには，削除したい行を選択し，ミニツールバーから[削除]→[行の削除]と選択する。

・ミニツールバー
セルを右クリックするとミニツールバーが表示される(図2.5.11)。

・2010以前のバージョンで，行の挿入／削除を行うには，行を選択し，右クリックで表示されるプルダウンメニューから，[行の削除(D)]を選択する。

・[表ツール]→[レイアウト]タブ→[セルのサイズ]グループ→[高さを揃える]ボタンをクリックしても良い。

・このような"自動的に揃える"機能は，コンピュータならではの機能である。積極的に活用しよう。

行追加することができる。また，ミニツールバーを使って挿入することもできる(図2.5.11)。上に行を挿入するには，ミニツールバーから[挿入]→[上に行を挿入]とする。

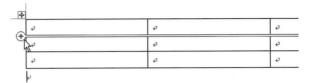

図2.5.10　行の挿入（コントロールの挿入）

図2.5.11　行の挿入(ミニツールバー)

列についても同様の操作で挿入／削除することができる。

■行や列の高さや幅を揃える

複数の行を同じ高さにするには，高さを揃えたい複数の行を選択し，右クリックで表示されるプルダウンメニューから[行の高さを揃える]をクリックする。列の幅を揃える場合も同様の操作を行う。

(2) 表のレイアウト

[表ツール]の[レイアウト]タブをクリックしてみよう(図2.5.12)。このタブに用意されている機能を使うことで，さまざまな表を表現することができる。ここでは，表のレイアウトに関する操作を学ぶ。

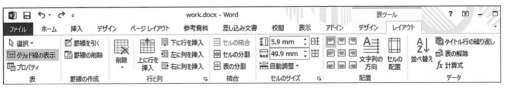

図2.5.12　表ツール[レイアウト]タブ

■セルの分割と結合

セルを分割・結合して，複雑な表を作成することができる。セルの分割・結合は，[レイアウト]タブ内の[結合]グループ(図2.5.13)にある[セ

ルの分割]と[セルの結合]で行う。

・**[セルの結合][セルの分割]** 共に, 右クリックで表示されるミニツールバーやプルダウンメニューから選択することも可能。

図 2.5.13　[結合]グループ

　セルを結合するには, 結合したいセルを複数選択し, [セルの結合]を選択する。また, セルを分割する場合は, 分割したいセルを一つ選択し, [セルの分割]を選択する。

■セル内の文字の配置

　セル内の文字の配置を指定することも可能である。セル内で文字を中央に配置したり, 右上に配置したりすることができる。縦の位置(上, 中央, 下)と横の位置(左, 中央, 右)の合計9個の配置を指定できる。[レイアウト]タブ内の[配置]グループ(図2.5.14)で操作する。

・セル内の文字の配置を行わないと, ぎこちない表になるので, 意識して指定すること。

図 2.5.14　[配置]グループ

■罫線の利用

　[表ツール]の[デザイン]タブにある[飾り枠]グループ(図2.5.15)で, 罫線のさまざまなスタイルの作成をマウス操作で行うことができる。複雑な罫線を用いる表の場合は, この機能を使って作成するとよい。

図 2.5.15　[飾り枠]グループ

> **課題3**
>
> 列や行の幅や背景色の設定を利用して, より表現豊かな自分の時間割を作成しよう(図2.5.16)。

図 2.5.16　レイアウトした時間割

<操作方法>
① 新規に文書を作成し, [挿入] タブ→ [表] グループ→ [表] ボタンをクリックする。
② 表示されたプルダウンメニューの表のマス目をドラッグし, 8行×7列とする (図 2.5.17)。すると, 8行7列の表が挿入される。

・②行と列の指定
行と列を指定するには, [表] ボタンの▼をクリック。→ [表の挿入] をクリックし, 表示された [表の挿入] ダイアログボックス上で, 列数と行数を指定しても良い。

図 2.5.17　8行×7列の表を挿入

・③以降,
1行目：曜日行タイトル
1列目：時限列タイトル
と表記する。

・設定した書式の情報を他の箇所で利用する場合には, [書式のコピー] を使う。書式のコピーは, 文字の内容ではなく, その文字に設定されているフォントの種類やサイズ等の「書式」の情報のみをコピーする, 非常に便利な機能である。[ホーム]→[クリップボード] グループにある🖌のマークである。

③ 1行目の左から2マス目から順に「月」「火」「水」「木」「金」「土」をそれぞれ入力する。また, 一番左の列の2行目から「1限」～「6限」,「放課後」と入力する。
④ 曜日行タイトルと時限列タイトルのフォントの種類を指定する。曜日行タイトルを変更するため, 1行目の左側の余白をクリックする。表示されたフォントに関するアイコンを利用して, MSPゴシック・太字にす

る(図2.5.18)。

時限列タイトルも同様に設定する。

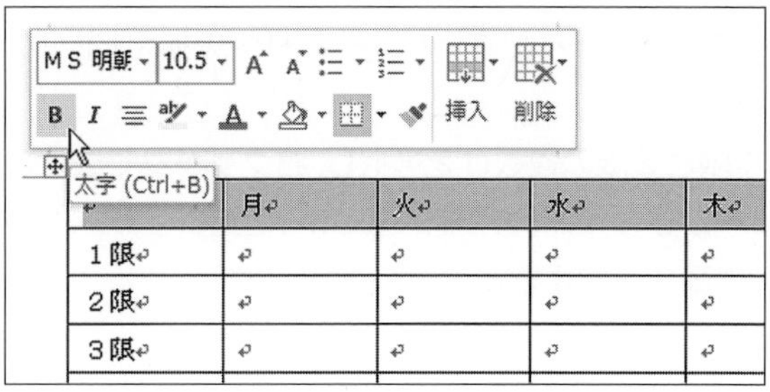

図2.5.18　表のフォントに太字設定

⑤ 曜日行タイトルと時限列タイトルの文字の配置を設定する。

曜日行タイトルを変更するため，1行目の左側の余白をクリックし，[表ツール]→[レイアウト]タブ→[配置]グループの[中央揃え]ボタンをクリックする(図2.5.19)。時限列タイトルも同様に設定する。

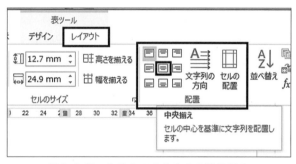

図2.5.19　セル内の文字を中央揃え設定

⑥ 時限列タイトルの列の幅を狭める。1列目と2列目の間の罫線をドラッグ＆ドロップして狭める(図2.5.20)。続いて，2列目から7列目を選択し，マウスの右クリックで表示されるプルダウンメニューから[列の幅を揃える(Y)]を選択し，等間隔にする。

・1列目を狭めることにより，2列目以降の幅がずれる。そのため，2列～7列を均等に幅を整える。

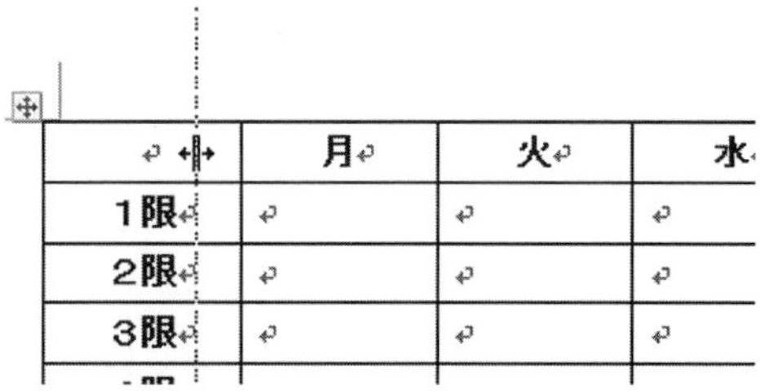

図2.5.20　列の幅を狭める

⑦ 各マス目に自分自身の時間割りを入力する。
⑧ 昼休みの行を挿入する。3限の行の左上にカーソルを合わせ，表示された[挿入マーク]ボタン ⊕ をクリックする。

・2限の列を選択し，右クリックで表示されるプルダウンメニューから[挿入]→[下に行を挿入(B)]を選択しても良い。

⑨ 昼休みのセルを結合する。挿入した行全体を選択する。選択した上で，[レイアウト]タブ→[結合]グループ→[セルの結合]ボタンをクリック。
⑩ 結合したセルに「昼休み」と入力する。
⑪ [表ツール]→[レイアウト]タブ→[配置]グループ→[中央揃え]ボタンをクリックする。
⑫ 行の高さを揃える。1限と2限の複数行を選択し，右クリックで表示されるプルダウンメニューから[行の高さを揃える(M)]を選択する。同様に3限から放課後の行の高さも揃える。

以上で，「自分の時間割」の完成である。

■ 練習 ■

作成した自分の時間割をさらに編集し，教室名や教員名，時刻を記入した時間割を作成しよう。罫線の種類もいろいろと変えてみよう。

2.5.2 グラフの作成と編集

資料を作成する場合，数値データを表に表すだけでなく，グラフを描くと視覚に訴えることができ，より効果的である。Word は，Excel と連携してグラフを文書内に挿入することができる。必要なデータは，Excel の操作画面で編集する。これらにグラフスタイルを適用すると，より美しいグラフとなる。

・Excel などの別のソフトウェアでグラフを作成して，画像として Word に貼り付けるという方法もある。

・[グラフの挿入]ダイアログボックスには，棒グラフ，折れ線グラフ，円グラフ，散布図等，さまざまな種類のグラフが用意されている。

課題4

過去10年間(1999年度～2008年度)の携帯電話契約数の推移を折れ線グラフで表してみよう(図2.5.21)。

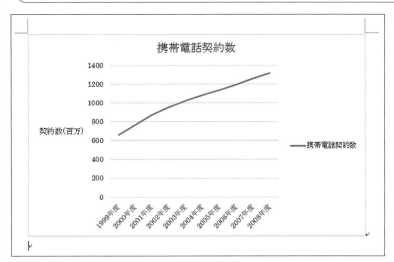

図2.5.21　携帯電話契約数(完成)

2.5 表とグラフの作成と編集

＜操作方法＞

① 新規に文書を作成し、[挿入]タブ→[図]グループ→[グラフ]ボタンをクリックする。
② 表示されたダイアログで、「折れ線グラフ」を選択して、[OK]ボタンをクリックする（図2.5.22）。

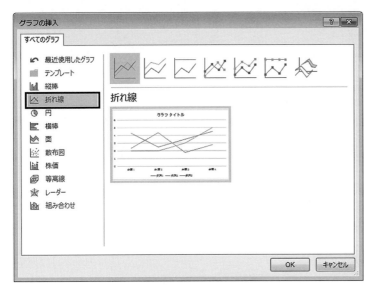

図2.5.22　折れ線グラフを選択

・[グラフの挿入]ダイアログボックス上で、プレビューされたグラフをマウスオーバーすると、グラフが拡大される。

③ 図2.5.23のようなWord文書と[Microsoft Word内のグラフ]ウィンドウが表示される。

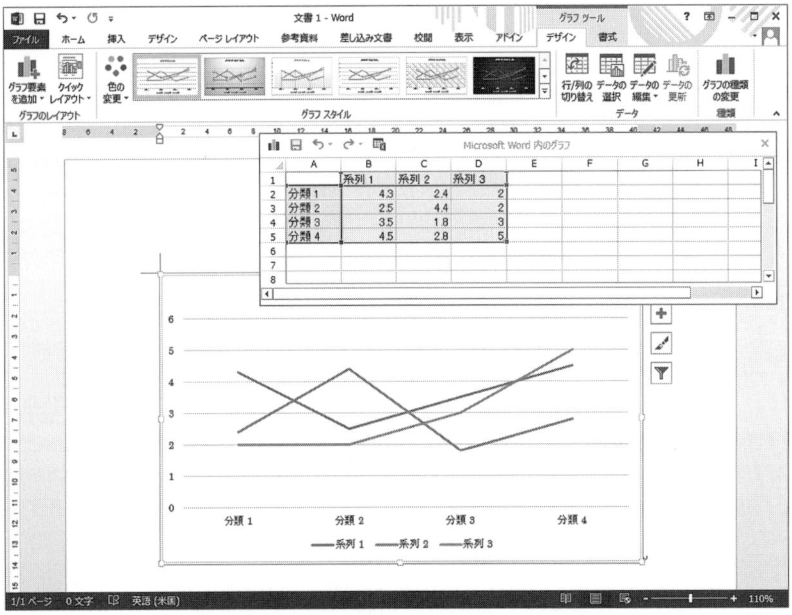

図2.5.23　データ入力用のExcelが起動

・**データの編集**は以下のように行っても良い。[MicrosoftWord内のグラフ]ウィンドウ内の [Microsoft Excelでデータを編集]ボタンをクリック。すると、Excelの画面が開くので、そこで編集を行う。

・データ範囲の変更
既定のデータ範囲を変更するには，指定された範囲の右下の[↘]をドラッグすると良い。

④ 表示された[Microsoft Word 内のグラフ]ウィンドウ上のデータ範囲（2列× 11行）に携帯電話の契約数の情報を入力する（図 2.5.24）。その際に，グラフのデータの範囲を変更する。

	A	B	C	D
1		携帯電話契	系列 2	系列 3
2	1999年度	660	2.4	2
3	2000年度	765	4.4	2
4	2001年度	872	1.8	3
5	2002年度	951	2.8	5
6	2003年度	1023		
7	2004年度	1080		
8	2005年度	1132		
9	2006年度	1193		
10	2007年度	1255		
11	2008年度	1316		
12				
13				
14				
15				

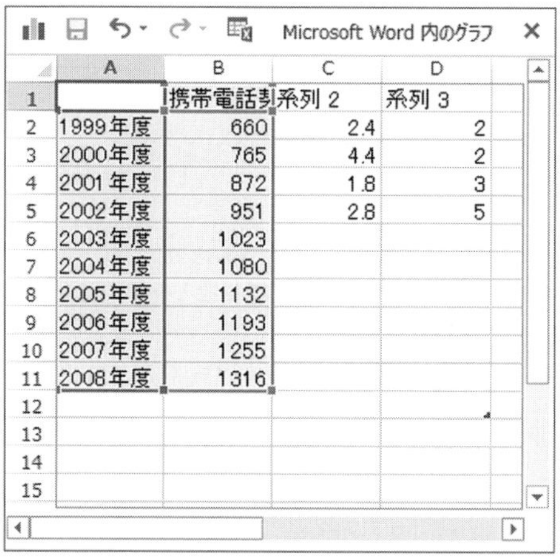

図 2.5.24　データ入力完了後

⑤ 入力が終わったら，[Microsoft Word 内のグラフ]ウィンドウを[×]ボタンで閉じる。

⑥ グラフのレイアウトを変更する。

グラフをクリックすると，[グラフツール]の[デザイン]タブが表示される（図 2.5.25）。[グラフのレイアウト]グループ→[クイックレイアウト]ボタンの▼をクリック。→表示されたメニューから「レイアウト10」をクリックする（図 2.5.25）。

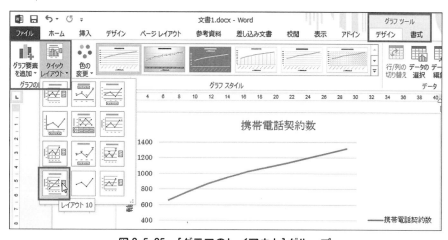

図 2.5.25　[グラフのレイアウト]グループ

・軸ラベルを削除するには，軸ラベルを選択し，[Delete]キーを押下する。

⑦ ⑥のグラフ上で，軸ラベルを修正・削除する。
・下側の「軸ラベル」を[Del]キーで削除する。
・左側の「軸ラベル」をクリックし，「契約数（百万）」と入力する。

⑧「契約数（百万）」と入力した軸ラベルを右クリック→表示されたメニュ

ーで[軸ラベルの書式設定]をクリック→表示された[軸ラベルの書式設定]作業ウィンドウで[文字オプション]をクリック。→[レイアウトとプロパティー] ボタンをクリック→[文字列の方向(X)]で[横書き]をクリックする(図2.5.26)。

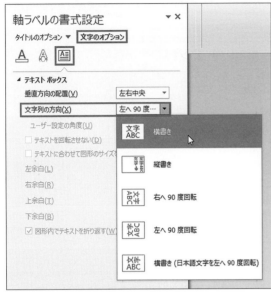

図2.5.26　文字列の方向を[横書き]に設定

⑨ 各ラベルの大きさや位置を整える。

以上で, 携帯電話契約数のグラフの完成である。

次のグラフを作成してみよう。グラフの種類は,「3D-100%積み上げ縦棒」を使う(図2.5.27)。

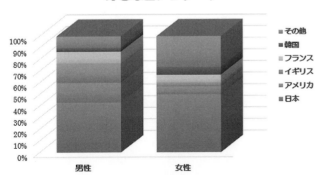

図2.5.27　好きな国アンケート(完成)

・使用するデータは, 次のとおりである(図2.5.28)。

好きな国アンケート(男女30 計60人)

男性
　日本：13
　アメリカ：5
　イギリス：5
　フランス：3
　韓国：1
　その他：3

女性
　日本：15
　アメリカ：2
　イギリス：1
　フランス：2
　韓国：2
　その他：8

ヒント Excelで、以下のとおりにデータを入力する（図2.5.28）。

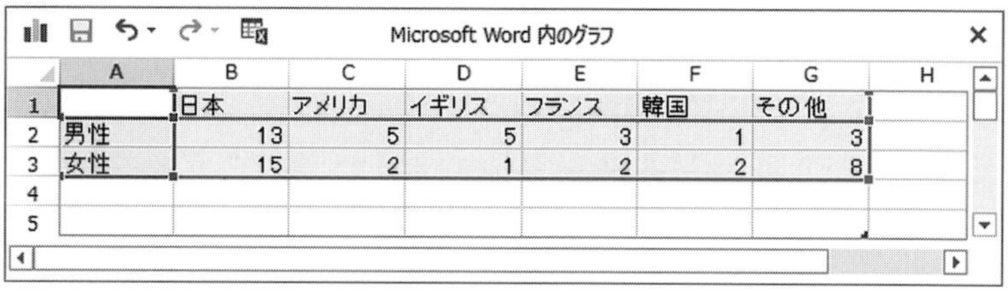

	A	B	C	D	E	F	G
1		日本	アメリカ	イギリス	フランス	韓国	その他
2	男性	13	5	5	3	1	3
3	女性	15	2	1	2	2	8

図2.5.28　ヒント

2.6 レポート・論文を書くときに利用する機能

通常の文書ではあまり使われないが，論文やレポートを作成する際によく使う機能がある。ここではそれら，スタイルや目次の組み方，脚注や図表番号などについて学ぶ。

2.6.1 スタイルの利用

スタイルとは，決まった文字の設定に名前を付けたものである。［ホーム］タブ→［スタイル］グループから指定できる（図2.6.1）。同じスタイルを設定していた場合，スタイルに対するフォントの種類を変更すると，同じスタイルをしている箇所を一括して変更することができる。

図2.6.1 スタイルの利用

また，スタイルセットを利用し，文書全体のスタイルを一括して設定することができる。スタイルセットは［デザイン］タブ→［ドキュメントの書式設定］から設定する（図2.6.2）。

・**スタイルセットの利用**
・スタイルセットするだけで，雰囲気の違った文書にできる。
・配色やフォント，段落の間隔もここから設定する。

図2.6.2 スタイルセットの利用

■ 練習 ■

自由にスタイルセットを設定してみよう。
スタイルセットを選択し，配色も設定する。

・文書「スタイルセット参考文書.docx」を利用する。「スタイルセット参考文書_スタイル設定後.doc」はスタイルセット：ミニマリスト，配色：青，フォント：HG丸ゴシックM-PROを設定した参考例。

2.6.2　目次の作成と利用

見出しのスタイルを設定した場合，その見出しを基に目次を作成することができる（図2.6.3）。目次は，[参考資料]タブ→[目次]グループから作成する（図2.6.4）。

図2.6.3　目次の例

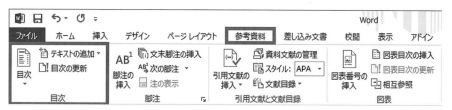

図2.6.4　[目次]グループ

見出しが増えて，目次の数やページ数が変わった場合には，目次をクリックして，上部に表示される[目次の更新]を選択する。表示されたダイアログで[OK]ボタンをクリックすると，最新の状態にすることができる（図2.6.5）。

図2.6.5　目次の更新

課題 1

スタイルや目次を利用して，レポートを作成しよう。
レポートには，目次を作成する。また，スタイル自体を変更することで，文全体の設定を一括して変更する方法を学ぶ。

・**課題 1 の操作の流れ**は以下のとおりである。
Step1 タイトルと章タイトルにスタイルを設定する。
Step2 目次を挿入する。
Step3 一度にスタイルを更新する。

<操作手順>

① 「システム開発に関する一考察（目次・スタイル）」というファイルを開く。

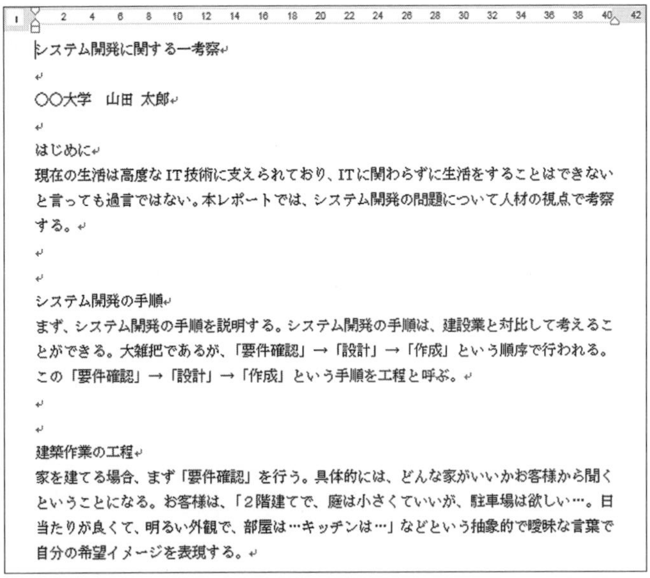

システム開発に関する一考察

〇〇大学　山田 太郎

はじめに
現在の生活は高度な IT 技術に支えられており、IT に関わらずに生活をすることはできないと言っても過言ではない。本レポートでは、システム開発の問題について人材の視点で考察する。

システム開発の手順
まず、システム開発の手順を説明する。システム開発の手順は、建設業と対比して考えることができる。大雑把であるが、「要件確認」→「設計」→「作成」という順序で行われる。この「要件確認」→「設計」→「作成」という手順を工程と呼ぶ。

建築作業の工程
家を建てる場合、まず「要件確認」を行う。具体的には、どんな家がいいかお客様から聞くということになる。お客様は、「2 階建てで、庭は小さくていいが、駐車場は欲しい…。日当たりが良くて、明るい外観で、部屋は…キッチンは…」などという抽象的で曖昧な言葉で自分の希望イメージを表現する。

図 2.6.6 「システム開発に関する一考察」ファイルの内容

Step 1 **タイトルと章タイトルに，スタイルを設定する**

② 「システム開発に関する一考察」という行にカーソルを置き，［ホーム］タブ→［スタイル］グループの右下の ▾ マークをクリックし，すべてのスタイルを表示する。表示されたスタイルの中から［表題］を選択する（図 2.6.7）。

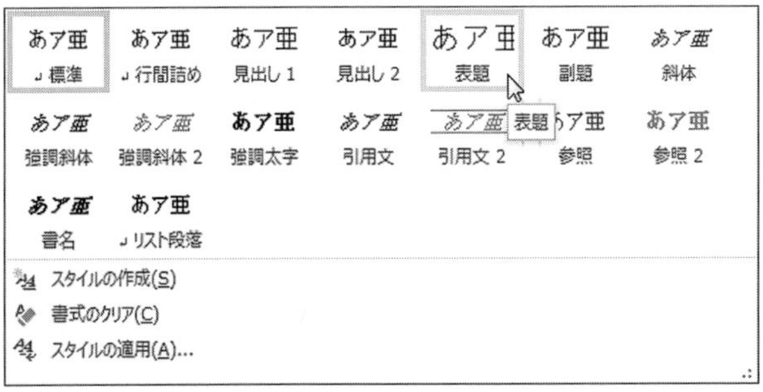

図 2.6.7 表題のスタイルを設定

第2章

③ タイトルと同様の手順で，章タイトルに「見出し1」というスタイルを設定する。

④ 名前「○○大学　山田太郎」を[右揃え]に設定する。

Step 2　目次を挿入する

⑤ 名前の一段下の行にカーソルを設定し，[参考資料]タブ→[目次]グループ→[目次]ボタンをクリックする。

⑥ 表示されたプルダウンメニューから，「自動作成の目次2」を選択する（図2.6.8）。すると，目次が挿入される（図2.6.9）。

③の注意
・章タイトルとは，「はじめに」，「システム開発の手順」，「建築作業の工程」，「システム開発の工程」，「システム開発の困難さについて」，「人材不足と品質低下」，「まとめ」の7つである。

③の注意
・複数行を一度に設定するために，[Ctrl]キーを押しながら，行頭をクリックして（下図を参照），章タイトルを7行選択したあとで，「見出し1」をクリックすると良い。

図　[Ctrl]キーを利用して複数選択

図2.6.8　自動作成の目次2を選択

図2.6.9　目次の挿入

Step 3　最後に，章タイトルを太字にする。スタイルの機能を使い，すべての箇所を一度にスタイル変更しよう。

⑦ [ホーム]タブ→[スタイル]グループの右下にある ボタンをクリックする。表示された[スタイル]のダイアログボックス上で[見出し1]にカーソルを合わせる（図2.6.10）。

⑧ 表示される ボタンをクリックする。表示されたプルダウンメニューから[変更]を選択する（図2.6.10）。

図 2.6.10 スタイル変更ダイアログボックスを開く

⑨ 表示された[スタイルの変更]ダイアログボックスの B [太字]を選択して[OK]ボタンをクリックする(図 2.6.11)。一括で該当する「見出し1」の書式を太字にすることができる。

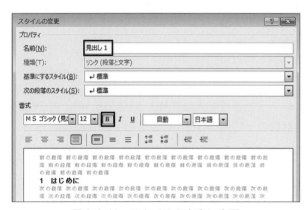

図 2.6.11 スタイルを太字に変更

以上で、「システム開発に関する一考察(目次・スタイル)」の完成である。

2.6.3　脚注と図表番号

続いて「脚注」・「図表番号」について学ぶ。

(1) 脚注

脚注は,脚注を指定したい文字を選択した状態で設定する(図 2.6.12)。脚注は[参考資料]タブ→[脚注]グループから行う。

図 2.6.12 脚注のサンプル

(2) 図表番号

論文やレポートでは，図や表に番号・タイトルを付ける。図表番号は，図を選択した状態で，[参考資料] タブ→[図表] グループ→[図表番号の挿入] から行う（図 2.6.13）。

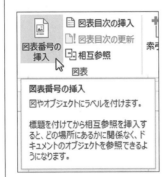

図 2.6.13 図表番号の挿入

・図と表の番号の位置
一般に，図と表で図表番号を付与する位置が決まっている。表の場合は"表の上側"であり，図の場合は"図の下側"が一般的である。

図表番号の挿入ダイアログ

・[ラベル(L)] に "図" や "表" がない場合がある。その場合は，[ラベル名(N)] をクリックし，"図" や "表" を入力して登録する。

■ 練習 ■

下記の図と表を作成し，図表番号を入れてみよう（図 2.6.14）。表の場合は表の上に，図の場合は図の下に入れることに注意をして作成しよう。

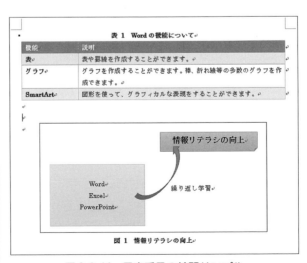

図 2.6.14 図表番号の練習サンプル

課題2

段組を組んだり，脚注や図表番号を挿入して，論文を作成しよう（図2.6.15）。

・**課題2**
段組や脚注，図表番号を利用して，論文を完成させる。また，ユーザ定義の余白の設定や文字数の設定等，細かい設定も行う。

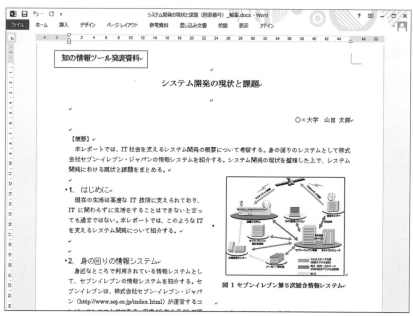

図2.6.15　論文形式の文書完成

・前の章で学習した，表や図の復習も兼ねている。表と図を真似て作成してみよう。その上で，図表番号とタイトルを挿入してみよう。

＜操作方法＞

① 「システム開発の現状と課題（図表番号）」という文書を開く（図2.6.16）。

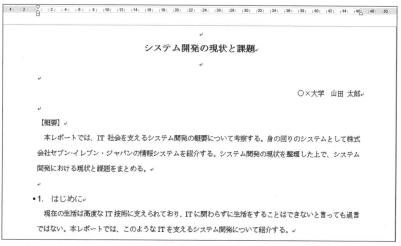

図2.6.16　「システム開発の現状と課題」ファイルの内容

・**課題2の操作の流れ**は以下のとおりである。
Step 1　余白を設定
Step 2　図表番号とタイトルを付ける
Step 3　脚注を作成する
Step 4　段組を組む
Step 5　覚書を挿入する

・余白は**[余白]タブ**で設定する。

・行数は**[文字数と行数]タブ**で設定する。

Step 1　余白を設定する

② [ページレイアウト]タブ→[ページ設定]グループ→[余白]から[ユーザ設定の余白(A)]をクリックする(図2.6.17)。

③ 表示されたダイアログボックスで,以下のとおり設定する。

　　余白：上25mm, 下20mm, 左20mm, 右20mm

　　行数：42行

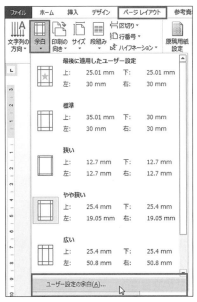

図2.6.17　ユーザー設定の余白

Step 2　図表番号とタイトルを付ける

④ まず,1ページ目の下の方にある図に対して行う。図をマウスで右クリックし,表示されたプルダウンメニューの[図表番号の挿入(N)]をクリックする。

⑤ 表示された[図表番号]ダイアログボックスで,図のタイトルとして[図表番号(C)]の入力箇所に「セブンイレブン第五次総合情報システム」と入力する。また,オプションの[ラベル(L)]と[位置(P)]をそれぞれ[図], [選択した項目の下]に設定する(図2.6.18)。

2.6 レポート・論文を書くときに利用する機能 | 125

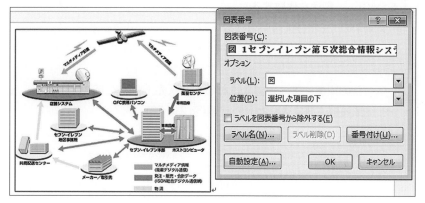

図 2.6.18　図表番号の挿入

[OK]ボタンを押すと，以下のとおり図表番号が挿入される(図2.6.19)。

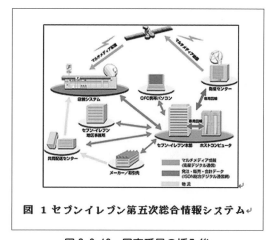

図 2.6.19　図表番号の挿入後

⑥ ④〜⑤と同様の操作で，残りのすべての図と表に，番号とタイトルを付与する。付与するタイトルは以下のようにする。

　　図1：セブンイレブン第五次総合情報システム
　　図2：セブンイレブン店舗システム
　　図3：曖昧なお客様の要望(イメージ図)
　　図4：家の設計図の例
　　図5：家の完成(イメージ図)
　　図6：曖昧なお客様の要望(イメージ図)
　　図7：設計書の例
　　図8：システムの完成(イメージ図)
　　表1：家を建てる場合の関係人物
　　表2：システム開発の場合の関係人物

・番号とタイトルは「表は上」「図は下」に付けること。

・表の場合は，はじめに表全体を選択する必要がある。表をクリックし，表の右上に表示される⊕のマークをクリックすることで，表全体を選択できる。その後で，表をマウスで右クリックし，表示されたプルダウンメニューより[図表番号の挿入(C)]を選択する。

・表の場合，オプションの設定は以下のとおり。
[ラベル(L)]：表
[位置(P)]：選択した項目の上。

・⑦の操作
検索は、[ホーム]タブ→[編集]グループ→[検索]ボタンをクリック。
表示された[ナビゲーション]ウィンドウの入力欄に"日本最大級の小売業"と入力する。

・⑧の初期設定では[脚注の挿入]ボタンをクリックすると、該当ページの最下段に脚注が挿入される。
脚注を文書の最後にまとめて入れたい時は、[文末脚注の挿入]ボタンをクリックする。

・[参考資料]タブ→[脚注]グループの 🔲 をクリックすると、以下のような[脚注と文末脚注]ダイアログボックスが表示される。このダイアログボックスの[場所]で、脚注を挿入する場所や、その他の設定ができる。

・[挿入]タブ→[図]グループ→[図形]から[基本図形]のテキストボックス 🔲 でも同様である。

Step 3　脚注を作成する

⑦ 文章中の"日本最大級の小売業"を検索し、選択する。選択した状態で、[参考資料]タブ→[脚注]グループ→[脚注の挿入]ボタンをクリックする。

⑧ ページの下部に脚注が挿入されるので、「売上2兆4,987億5千4百万円、従業員数4,804人」と入力する(図2.6.20)。

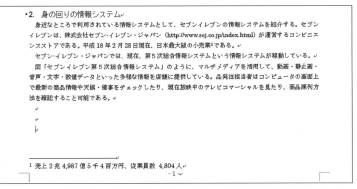

図2.6.20　脚注挿入後

Step 4　本文の段組を組む

⑨ カーソルを章タイトル「はじめに」の上の行に移動する。[ページレイアウト]タブ→[ページ設定]グループ→[段組]ボタンをクリックする。

⑩ 表示されたプルダウンメニューから、[段組みの詳細設定(C)]を選択する。

⑪ 表示された[段組み]ダイアログボックスの[種類]にて[2段(W)]を選択し、[設定対象(A)]で[これ以降]を選択する(図2.6.21)。

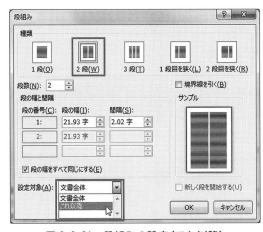

図2.6.21　段組みの設定(これ以降)

Step 5　最後にタイトルの上部に「知の情報ツール発表資料」という覚書を挿入する

⑫ [挿入]タブ→[テキスト]グループ→[テキストボックス]ボタンをクリ

ックする。
⑬ 表示されたプルダウンメニューから[横書きテキストボックスの描画(D)]を選択する(図2.6.22)。

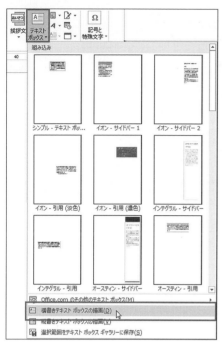

図2.6.22 横書きテキストボックスの追加

⑭ タイトルの左上に,マウスでドラッグしてテキストボックスを描く。
⑮ テキストボックスの中に「知の情報ツール発表資料」と入力する。挿入後は,以下の通りになる(図2.6.23)。

・フォントの設定を12ポイント,太字,センタリングにする。

図2.6.23 テキストボックス挿入後

以上で「システム開発の現状と課題」の完成である。

論文では,表紙に当たる1ページ目に,アブストラクトや著者の所属等の情報を記述する。論文独特な表現もあるので,覚えておこう。

> **課題3**
>
> アブストラクトや著者の所属等を設定し,論文の1ページ目を作成しよう(図 2.6.24)。

・**アブストラクト**とは,論文の要約や抜粋のことである。

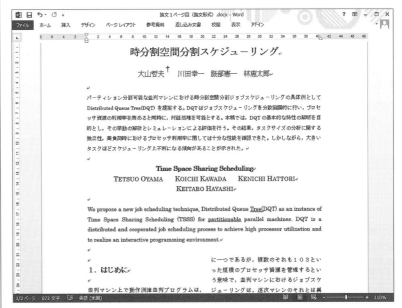

図 2.6.24　論文の1ページ目完成

＜操作方法＞

① 「論文1ページ目(論文形式)」という文書を開く。

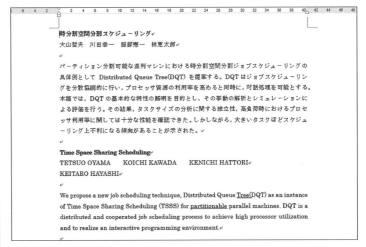

図 2.6.25　「論文1ページ目(論文形式)」ファイルの内容

② フォントサイズを設定する。
  ・和文
　タイトル:18　著者氏名:12　アブストラクト:9

・フォントの種類は,設定してあるので,サイズのみ設定する。

- 英文

    タイトル:12　著者氏名:10.5　アブストラクト:10
- 章タイトル(「はじめに」の箇所)

    章タイトル:12

③ タイトルやアブストラクトの文字列の位置を設定する。
- 和文

    タイトル:中央揃え　著者氏名:中央揃え
- 英文

    タイトル:中央揃え　著者氏名:中央揃え

④ 所属を記述する。1人目の著者の名前「大山哲夫」の後ろにカーソルを移動し，†(短剣符)を入力する。「†」のサイズを20に大きくして見やすくする。更に†を上付き文字に変更する。欄外に著者の所属として「○×大学　工学部」と入力する。

⑤ 英字の氏名のフォントサイズを変更する。著者「TETSUO OYAMA」の先頭文字である「T」を選択し，フォントサイズを12に設定する。同様に，各著者の苗字・名前の先頭の文字サイズを変更する。先頭の文字以外は，そのままのサイズにしておく(図2.6.26)。

図 2.6.26　英字著者氏名の先頭をサイズ変更後

⑥ 本文の段組を組む。カーソルを章タイトル「はじめに」の上の行に移動する。[ページレイアウト]タブ→[ページ設定]グループ→[段組(C)]ボタンをクリックする。

⑦ 表示されたプルダウンメニューから[段組みの詳細設定(C)]を選択する。[種類]にて[2段(W)]を選択し，[選択対象(A)]にて[これ以降]を選択する。

以上で「論文の1ページ目」の完成である。

2.6.4　ナビゲーションウィンドウによる目次の検討

　レポートや論文等で，数十ページに及ぶような長い文章を取り扱う場合は，目次を俯瞰すると全体の内容を把握しやすい。また，目次の見出しを検討し再構築することで，レポートや論文全体を構築しやすくなる。このような目次の検討や再構築には，ナビゲーションウィンドウを利用すると便利である。

・† 「**短剣符**」，‡「**二重短剣符**」と呼ばれる記号で，＊(アスタリスク)等と同様に注釈で利用する。特に所属を示す時等に使われる。

・† 「**短剣符**」は[挿入]タブ→[記号と特殊文字]グループ→[記号と特殊文字]ボタン→[その他の記号(M)]をクリック。→[記号と特殊文字]ダイアログボックスで[記号と特殊文字]タブ→[種類(U)]で[一般句読点]をクリックすると中央くらいに表示される。

・④の注意
下の欄外には，[テキストボックス]を挿入し「○×大学　工学部」と入力する。同様に[挿入]タブ→[図]グループ→[図形]ボタンの▼をクリックし，表示されたプルダウンメニューから[直線]を選択し欄外に描く。

・論文では，英字の氏名をすべて大文字で記述し，先頭の文字だけフォントサイズを少し大きくするのが慣例である。

・⑤の注意
各著者の苗字・名前の先頭文字を複数個選択するには，[Ctrl]キーを押しながら，その文字をクリックする。

・**目次の作成**に関しては本書 2.6.2「目次の作成と利用」を参照のこと。

・**目次の検討**
・ナビゲーションウィンドウを使って，レベル1の章立てを確認することができる。

・目次の段階で論旨がまとまっていなければ，良い文章を作成することはできない。逆に目次の段階で文章構成がしっかりしていると，内容も書きやすい。

■**目次の見出しの折りたたみと展開**
・[ナビゲーション ウィンドウ]の各見出しの ▲ をクリックすると，▲ は ▷ になり，見出しを折りたたむことができる。
・▷ をさらにクリックすると，▲ になり，見出しを展開することができる。

・さらに見出しを右クリックし，表示されたメニュー（下図を参照）から[すべて折りたたみ(C)]を選択すると，すべての見出しを折りたたむことができる。

> **課題 4**
>
> レポートの目次（案）を，ナビゲーションウィンドウを使って確認し修正しよう。

＜操作方法＞

① ファイル「ナビゲーションを使った目次の検討」を開く（図 2.6.27）。

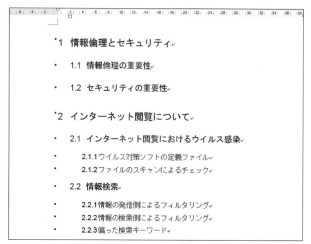

図 2.6.27 「ナビゲーションを使った目次の検討」ファイルの内容

② [表示]タブ→[表示]グループ→[ナビゲーション ウィンドウ]にチェックマークを入れる。すると，ナビゲーションウィンドウが表示される（図 2.6.28）。

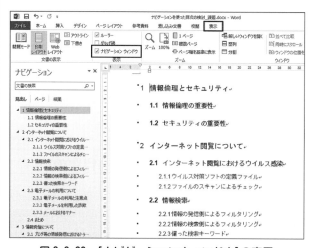

図 2.6.28 [ナビゲーションウィンドウ]の表示

Step 1　「2.3　電子メールの利用について」を，レベル1の見出しに修正し，図 2.6.27 の目次を，図 2.6.29 のような目次の構成に修正しよう

```
• 2.1 インターネット閲覧におけるウイルス感染
      • 2.1.1ウイルス対策ソフトの定義ファイル
      • 2.1.2ファイルのスキャンによるチェック
   • 2.2 情報検索
      • 2.2.1情報の発信側によるフィルタリング
      • 2.2.2情報の検索側によるフィルタリング
      • 2.2.3偏った検索キーワード
   • 2.3 まとめ
3 電子メールの利用について
   • 3.1 電子メールの利用と注意点
      • 3.1.1電子メールを利用した詐欺
      • 3.1.2メールにおけるマナー
   • 3.2 まとめ
4 情報発信について
```

図 2.6.29 目次の検討と修正

・課題で，すべての見出しを折りたたむと，レベル1の章立ては，次の6章であることがわかる。
1．情報倫理とセキュリティ
2．インターネット閲覧について
3．情報発信について
4．情報コンテンツやサービスの利用について
5．アカウントの管理について
6．ファイルの管理について

③ 本文の「2.3　電子メールの利用について」の行を選択し，[ホーム]タブ→[スタイル]グループ→[見出し1]を選択する。該当する箇所が見出し1に設定される(つまりレベル1の章となる)。

④ 同様に，「電子メールの利用と注意点」を，[見出し2]に設定する。

⑤ 「2.3.3　偏った検索キーワード」の後に，「まとめ」を[見出し2]として追加する。

・[見出し1]が見つからない場合は，[ホーム]タブ→[スタイル]グループの ▼ または ⬚ をクリックするとよい。

Step 2　「6．アカウントの管理について」と「7．ファイルの管理について」を「6．アカウントとファイルの管理について」という1つの章とする(図2.6.30)

```
   • 5.3 まとめ
6 アカウントとファイルの管理について
   • 6.1 アカウント管理
      • 6.1.1パスワードの管理と安全性
   • 6.2 ファイルの管理
      • 6.2.1パスワード付き圧縮ファイル
   • 6.3 まとめ
```

図 2.6.30 目次の再構成

⑥ 「アカウントの管理について」を「アカウントとファイルの管理について」に修正する。

⑦ 不要になった「6.2　まとめ」と「7．ファイルの管理について」を削除する。

以上で，ナビゲーションウィンドウを使った目次の検討の完成である。

# 総合練習問題

1. 次の「文化祭プログラム予定表」という文書を，以下に示す(1)～(13)の指示に従って完成させなさい。

（1） A4縦1枚に納める。
（2） フォントサイズを36とし，[文字の効果]を設定する。色やスタイルは自由に設定する。
中央寄せにする。
（3） 画像を挿入する（紅葉 .jpg）。[アート効果]の[線画]を設定する。
（4） 画像の[文字の折り返し]の設定を[四角]に設定し，位置調整する。
　　ヒント　画像を右クリックし，[文字の折り返し]→[四角]と選択
（5） フォントを次の通り設定する。　（MS明朝，サイズ12，太字）
右に1文字分字下げする。
（6） フォントを次の通り設定する。　（HG丸ｺﾞｼｯｸM-PRO，サイズ18，太字，下線）
右に1文字分字下げする。
（7） 表を挿入する。表のスタイルは，[グリッド(表)5濃色-アクセント2]を指定する。
（8） 1行目の部分（時間・メインステージ…の箇所）は，中央揃えとする。
（9） 1列目の部分（10：00～11：00・11：00～12：00…の箇所）は，中央揃えとする。
（10） 表の中の「空き」の箇所のフォントは，太字，斜体とする。
（11） 「漫才バトル」，「昼休憩」などの箇所は，セル結合する。
（12） 図形を挿入する。種類は[メモ]を利用。色は自由に設定。
配置を左右中央寄せとする。
（13） [右揃え]に設定する。

2. 次の「システム開発の問題点について」という文書を，以下に示す（1）〜（10）の指示に従って完成させなさい。

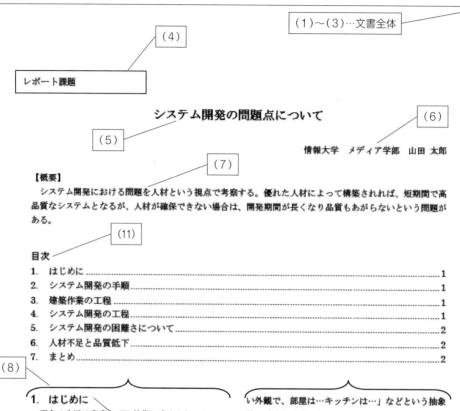

(1) A4縦2枚に納める。即ち，以下の(2)(3)のようにページ設定をする。
(2) 余白を次の通りに設定する。 (上25mm, 下20mm, 左20mm, 右20mm)
(3) 1ページ当たりの行数を42行とする。
(4) テキストボックスなどの枠で囲む。
(5) フォントを次の通り設定する。 (MS明朝, サイズ14, 太字, 中央揃え)
(6) フォントを次の通り設定する。 (MS明朝, サイズ10, 右揃え)
(7) フォントを次の通り設定する。 (MS明朝, サイズ10)
(8) 段組を組む。2段組とする。
(9) 各章のタイトル「1．はじめに」,「2．システム開発の手順」,「3．建築作業の工程」……のスタイルを「見出し1」に設定する。
(10) ページ番号を追加する。

> **ヒント** [挿入]タブ→[ページ番号]→[ページの下部]→[番号のみ2]をクリック。その後, [ヘッダー／フッターツール]→[デザイン]→[ヘッダーとフッター]グループ→[ページ番号]をクリック。表示されたプルダウンメニュー上で[ページ番号の書式設定(F)]をクリック。「-1-, -2-, ……」を選択する。

(11) 最後に目次を挿入する。「目次」という文字は, サイズ12とし太字に設定する。

3． 次の「商品販売力アップ講習会」という文書を，以下に示す（1）〜（12）の指示に従って完成させなさい．

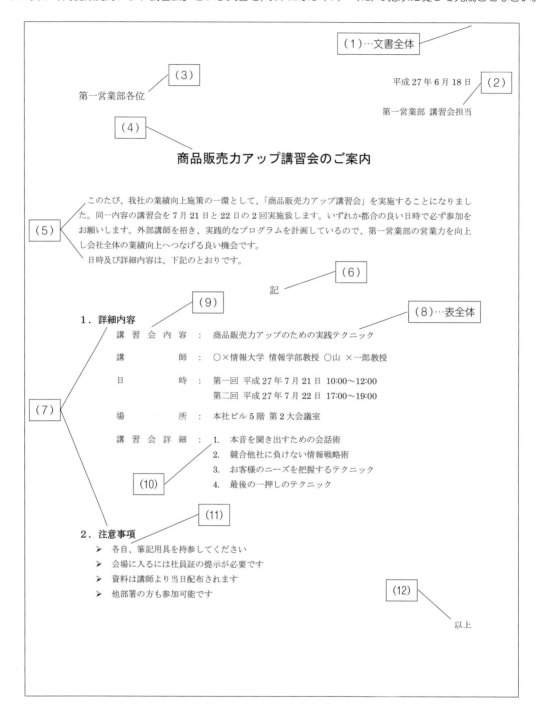

(1) 余白を[やや狭い]に設定する。
(2) 日付(平成27年6月18日),作成者(第一営業部 講習会担当)を[右揃え]にする。
(3) フォントを次の通り設定する。 (サイズ12)
(4) スタイルの[表題]を設定する。
(5) 「このたび…」と「日時及び詳細内容は…」の前にスペースを1つ入れる。
(6) 「記」を[中央揃え]にする。
(7) 「1．詳細内容」「2．注意事項」のフォントを次の通り設定する。 (サイズ12,太字)
(8) 3列×5行の罫線の見えない表を使い,文字列の配置を整える。

> **ヒント** 以下のとおりにすることで,文字列の配置を揃えることができる。
> ① 3列×5行の表を挿入する。
> ② 1行×1列目には,「講習会内容」と入力する。
> ③ 1行×2列目には,「：」と入力する。
> ④ 1行×3列目には,「商品販売力アップのための実践テクニック」と入力する。
> ⑤ 2～5行目についても同様の操作を行う。
> ⑥ 各行の幅を少し広げる。
> ⑦ 列の幅を揃え,表全体を選択し,罫線を「枠なし」にする。
> ⑧ ⑦の表を4文字分右に,インデントをとる。

1．詳細内容

講 習 会 内 容	：	商品販売力アップのための実践テクニック
講 師	：	〇×情報大学 情報学部教授 〇山 ×一郎教授
日 時	：	第一回 平成27年7月21日 10:00～12:00 第二回 平成27年7月22日 17:00～19:00
場 所	：	本社ビル5階 第2大会議室
講 習 会 詳 細	：	1. 本音を聞き出すための会話術 2. 競合他社に負けない情報戦略術 3. お客様のニーズを把握するテクニック 4. 最後の一押しのテクニック

図　罫線の見えない表

(9) 表のタイトル部分(講習会内容,講師,日時,場所,講習会詳細)を[均等割り付け]する。
(10) [段落番号]で番号をつける。
(11) [箇条書き]にする。さらに,2文字分右に,インデントを取る。
(12) 「以上」を[右揃え]にする。

4. 次の「システム開発の試験におけるセキュリティ確保」という文書を，以下に示す(1)〜(9)の指示に従って完成させなさい。

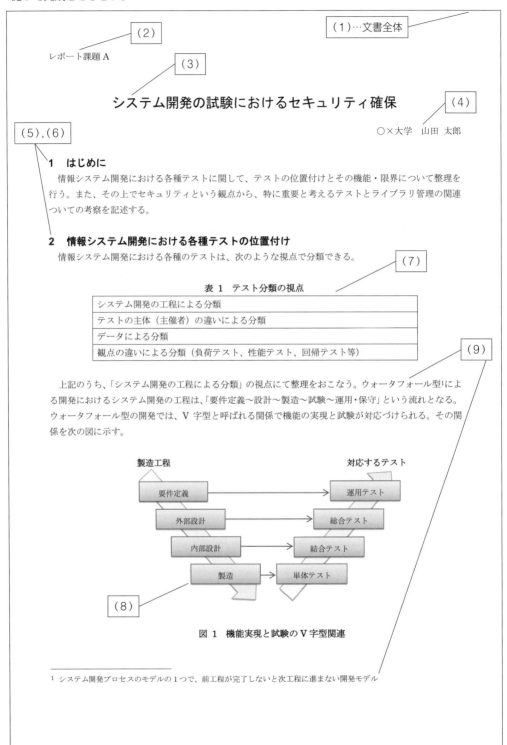

（1） 余白を[やや狭い]に設定する。
（2） ヘッダーに「レポート課題A」と記述する。ヘッダーの種類は，[空白]を使用する。
（3） スタイルの[表題]を設定する。
（4） [右揃え]にする。
（5） 「はじめに」と「情報システム開発における各種テストの位置付け」のスタイルを[見出し1]に設定する。
（6） [見出し1]のスタイルに[段落番号], [太字]を設定する。
（7） 「テスト分類の視点」の表を作成する。[図表番号]の機能を使って，表のタイトルを表の上に作成すること。
（8） 「機能実現と試験のV字型関連」の図を作成する。[図表番号]の機能を使って，図のタイトルを図の上に作成すること。

> **ヒント** [挿入]タブ→[図]グループ→[図形]から以下のとおりに作成する。
> ① 以下の4種類の図を適切に配置する。
> - [基本図形]の[テキストボックス]（製造工程，対応するテストに使う）
> - [四角形]の[正方形／長方形]（要件定義，外部設計などに使う）
> - [ブロック矢印]の[下矢印]
> - [線]の[矢印]
>
> ② [テキストボックス]は，フォントサイズ10で太字にする。
> ③ [正方形／長方形]は，図形のスタイルを[パステル－青 アクセント1]に設定し，フォントサイズ9にする。
> ④ [下矢印]は，図形のスタイルを[パステル－緑 アクセント6]に設定し，回転させて斜めにする。
> ⑤ [矢印]は，線のスタイルの幅を1ｐにする。
> ⑥ 配置を整え，全ての図を選択し[グループ化]する。
> ⑦ 図表番号を挿入する。

（9） 「ウォータフォール型」に脚注を挿入する。「システム開発プロセスのモデルの1つで，前工程が完了しないと次工程に進まない開発モデル」という説明にして，フォントサイズを9にすること。

第3章

PowerPoint2013による知のプレゼンテーションスキル

3.1 PowerPoint2013 の基本操作
3.2 スライドデザインとスライドレイアウトの選択
3.3 文字の入力と図形の作成
3.4 図やサウンド，ビデオを挿入する
3.5 表の作成
3.6 グラフの作成と挿入
3.7 効果的なプレゼンテーション
　　　──アニメーション効果と画面切り替え
3.8 スライドの編集とプレゼンテーションの実行
3.9 プレゼンテーション資料の作成

3.1　PowerPoint2013の基本操作

3.1.1　PowerPoint活用の狙い

　Wordの活用が主に文章作成を目的としているのに対し，PowerPointは以下のような活用に適している。

- プレゼンテーション
- 思考の道具
- 図表の作成ツール
- カタログ・パンフレットの作成ツール

　そのため，Wordでは文書で詳細な説明を行うが，PowerPointでは箇条書きなどを用いて論点を簡潔に整理し，読み手や聴き手の理解を即すような文書作成能力が求められる。

・プレゼンテーション
企業の事業計画，顧客への説明，論文の発表などさまざまな場面がある。

・思考の道具
自分の考えを整理して，論点の明確化や，論旨を順序だてるような場合に活用。

・図表の作成ツール
写真や動画像の編集，図形，グラフを作成し，PowerPointのみならずWordやExcelなどに貼り付けることができる。

・カタログ・パンフレットの作成ツール
PowerPointの持つフリーフォーマット性，写真やグラフの貼り付け，文字の貼り付け機能などを用いた作成が有効である。

3.1.2　PowerPoint2013の起動と操作画面

　[スタート]ボタンをクリックしてPowerPoint2013を起動すると，図3.1.1のような初期画面が表示されるので，ここでは[新しいプレゼンテーション]をクリックする。

・PowerPointの起動
[スタート]→[プログラム]→[Microsoft Office]→[Microsoft Office PowerPoint2013]をクリックする。

図3.1.1　PowerPoint2013の初期画面

　すると図3.1.2のようなPowerPoint2013の基本操作画面が表示される。

3.1 PowerPoint2013の基本操作

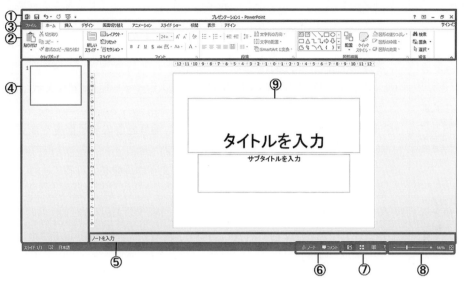

図 3.1.2　PowerPoint2013の基本操作画面

基本操作画面の各部の名称は、以下のとおりである。
　① タイトルバー　　　　　② リボン（上部はメニューバー，
　　　　　　　　　　　　　　　下部はツールバー）
　③ ファイルタブ　　　　　④ スライドのサムネイル
　⑤ ノートペイン　　　　　⑥ ノートペインとコメントの表示
　⑦ 表示モードの切り替えボタン
　⑧ ズームとズームスライダ　⑨ プレースホルダ

課題1

PowerPoint2013の操作画面で上記のそれぞれのアイコンをクリックしてみよう。そして、以下の①〜⑨の事柄を確認しよう。

＜操作方法＞
① ［タイトルバー］には、現在開いているファイル名が表示される。
② ［リボン］には、［ホーム］、［挿入］、［デザイン］、［画面切り替え］、［アニメーション］、［スライドショー］などのタブが用意されている。
③ ［ファイル］タブには、ファイルの［上書き保存］、［名前を付けて保存］、［開く］、［閉じる］および、［新規］、［印刷］、［共有］、［エクスポート］などに関するメニューがある。
④ ［スライドのサムネイル］は、スライドの縮小イメージを表示しており、縮小イメージのスライドをクリックすると、そのスライドを表示することができる。
⑤ ［ノートペイン］には、スライドに関する説明などを記入する。

・**タイトルバー**
デフォルト（初期状態）では、プレゼンテーション1というファイル名になっている。

・**［ファイル］タブ**
名前を付けて保存、上書き保存、印刷などOfficeに共通の基本機能が用意されている。

・**リボン**
上段がメニューバーで［ファイル］タブ、「ホーム」「挿入」、「デザイン」などのメニューが用意されている。下段はツールバーで、選択されたメニューに対応した編集ツールが用意されている。

・**スライドのサムネイル**
スライドのサムネイルでは「編集画面」に表示される画面イメージ縮小版（サムネイル）が表示される。

・**名前を付けて保存**
ファイルを保存するときに使用するファイル名を入力して保存すれば、タイトルバーに、保存したときの名前が表示される。

・名前を付けて保存

ファイルを閉じるとき，新しいファイルの場合は，[名前を付けて保存]のダイアログボックスが表示される。ここで，ファイルの名前とファイルの保存先を指定する。
[名前を付けて保存]は，編集中でも[ファイル]タブをクリックすると，上から5番目のメニューに表示される。

・上書き保存

既にファイル名を登録済みのファイルを編集し，改めてファイルを閉じる場合，変更内容の[保存]か[保存しない]を確認するダイアログボックスが表示される。
ファイルを更新する場合は，[保存]を選択する。
上書き保存は，編集中でも[ファイル]タブをクリックすると，4番目のメニューに表示される。
操作の誤りやシステムトラブルを避けるため，頻繁に[上書き保存]を実行したほうが良い。

⑥ [ノートペインとコメントの表示]は，作成したスライドに関する説明を記す[ノートペイン]が編集画面の下段に，プレゼンテーション時や共同編集の時に他のユーザーからのコメントを集める[コメント]ウィンドウを編集画面右側に表示する。

⑦ [表示モードの切り替え]では，[標準]，[スライド一覧]，[閲覧表示]，[スライドショー]の選択ができる。

⑧ [ズームスライダ]のスライドバーでは，編集画面の表示倍率を変更する。

⑨ [プレースホルダ]にはスライドの中に文字や画像を入れることができる。

3.2 スライドデザインとスライドレイアウトの選択

それでは、実際にスライドを作成しよう。まず初めに、スライドにデザインとレイアウトを設定する方法を学ぼう。

3.2.1 スライドデザインの選択

Office 2013 では、スライドの背景設定に、テーマと呼ばれるさまざまなデザインが用意されている。テーマは背景のデザインにあわせて、文字の配置や書式も変更する。テーマは、[デザイン]タブのみではなく、Web 上の Office.com (http://office.microsoft.com/ja-jp/templates/) にも用意されており、それらのテーマのダウンロードも可能である。また、スライドマスターを利用して、独自のデザインを作成することもできる。

・新規作成からスライドデザインを選択
現在開いているファイルとは別に、新たに別のファイルを作成する場合、[ファイル]タブ→[新規作成]を選択すると、右側に「使用可能なテンプレートとテーマ」が表示される。

・「Office.com」
「Office.com」はネット上にデザインが用意されており、それらを選択すると右端に現れた[ダウンロード]ボタンを押すことで、「テーマ」などへ登録することができる。

> **課題 1**
> [デザイン]タブに用意されているテーマを選んで、スライドに配色や、フォント、背景を設定しよう。

<操作方法>
① リボンの[デザイン]タブをクリック。さらに[テーマ]グループの▼ボタンをクリック。すると、図 3.2.1 のような、テーマの一覧が表示される。

図 3.2.1 [デザイン]タブからのスライドデザインの選択

② ここではテーマ一覧から「ファセット」を選び、クリックする。
選択したテーマの「ファセット」が、編集中のスライドに適用される。

・②特定のスライドだけにテーマを適用するには
テーマを選択すると、自動的にすべてのスライドに、同じテーマが適用される。特定のスライドだけにそのテーマを適用するには、テーマを右クリックし、[選択したスライドに適用]を選択する。

第3章 PowerPoint2013による知のプレゼンテーションスキル

・スライドマスター
スライドマスターの機能を利用して、PowerPointやOffice.comに用意されているレイアウトやデザイン以外にも、自分で作成したオリジナルのレイアウトやデザインを利用することができる。

・スライドマスターによるデザイン
スライドマスターは、[表示]タブ→[マスター表示]グループ→[スライドマスター]を選択すると、編集画面が表示される。

・スライドレイアウトの編集
[ホーム]タブ→[スライド]グループ→[レイアウト]のofficeテーマに表示されるようなレイアウト書式が、スライドマスターを用いる事でPowerPointの「新規作成」文書の中でもデザインできる。
スライドレイアウトの編集では、テキストボックスの段落構成、書体、行頭文字などの設定が可能である。
さらに、背景に描画や写真などを貼り付けた、独自のデザインの適用も可能である。

・スライドマスターの終了
スライドマスターの終了は、[スライドマスターの表示を閉じる]ボタンを押すことで終了する。

②の次に、さらに次のような操作をするとよい。
「ホーム」→「スライド」→「レイアウト」の「2つのコンテンツ」を選択し、さらに[デザイン]タブ→「バリエーション」の右下の▼から「フォント」→「Office MSPゴシック」を選択する。
④[ファイル]タブ→[名前を付けて保存]を選択し、ファイル名を「○○」として、デスクトップに保存する。
○○は、任意。

③ [デザイン]タブ→[バリエーション]グループ→[配色]でテーマの配色を選択する。ここでは「オレンジ」を選択する(図3.2.2)。
④ [デザイン]タブ→[バリエーション]グループ→[フォント]で文字のスタイルを選択する。ここでは「MSPゴシック」を選択する。
⑤ [デザイン]タブ→[バリエーション]グループ→[背景のスタイル]を選択し、スライドの背景を設定する。ここでは「スタイル1」を選択する。すると、選んだテーマがスライドに適用される。

図3.2.2 「配色」の選択

課題2

[新規]からのテーマ選択
テーマは、新規作成時には[ファイル]タブからテーマを選択することができる。[新規]から、デザインのテーマを選択してみよう。

<操作方法>

① [ファイル]タブ→[新規]をクリックすると、図3.2.3のような使用可能なテンプレートのテーマ一覧が表示される。
② 表示された画面は[ホーム]と呼ばれるあらかじめパソコンに用意されたテーマ一覧である。それ以外のテーマを探す場合には、上部の[オンラインテンプレートとテーマ検索]ボックスにキーワードを入力して🔍をクリックすれば、パソコン内のテーマに加えて、マイクロソフト社が提供するインターネット上の[オンラインテンプレート]から、そのキーワードに沿ったテーマを表示させることができる。その下の[検索の候補]では、[プレゼンテーション][ビジネス][オリエンテーション]などのカテゴリー別の検索を行なう事ができる。ここではテーマ一覧の中で「スライス」をクリックし、表示された画面上で、緑の背景のスライドを選

択し,「作成」ボタンをクリックする。

図 3.2.3　新規作成からのスライドデザインの選択（テーマ一覧）

課題3

オンラインテンプレートからのテーマ選択
スライドのデザインは，マイクロソフトが提供するオンラインテンプレートにも掲載されている。[検索の候補]からデザインを選択しオンラインテンプレートからのテーマをスライドに適用してみよう。

＜操作方法＞
① 課題2と同様に[ファイル]タブ→[新規]を選択する。
② [検索の候補]から[自然]をクリック。
③ 表示されたテーマ一覧の中から[スライド（自然）]を選択し，[作成]ボタンを押す（図3.2.4）。

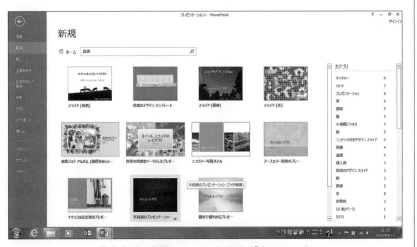

図 3.2.4　Office.com からのダウンロード

・**Office.com**
Office.com はスライドのデザイン，オンライン用テンプレートとテーマ，などを提供する Microsoft 社のサイトである。
このサイトはしばしば，ページ構成や情報のダウンロード方法などを変更するため，利用にあたってサイトの利用方法を理解しておくとよい。

・**オンラインテンプレートの検索**
オンラインでテンプレートの検索を行う場合は，[オンラインでテンプレートを検索]ボックスにキーワードを入力して🔍ボタンをクリックする。②や③の場合では，例えば「自然」と入力すると「スライド（自然）」が表示される。

④ ③のダウンロード操作を行うと，編集中のスライドに選択したデザインが適用される（図3.2.5）。

- ④の操作後に
タイトルに「オンラインテンプレート」，サブタイトルに「テーマのダウンロード」と入力するとよい。

- ダウンロードしたテーマデザイン
ダウンロードしたテーマデザインは，編集中のスライドだけではなく，[お勧めのテンプレートフォルダ]や[ユーザー設定]の中に登録されるので，その後はダウンロードをしなくとも簡単に利用できる。

図3.2.5　スライド(自然)のダウンロード

⑤ ダウンロード後は[お勧めのテンプレート]に保存されているかを確認する。

- [お勧めのテンプレート]や[ユーザー設定]は，[ファイル]タブ→[新規]の中にある。

3.2.2　スライドレイアウトの設定

PowerPointに用意されているさまざまなスライドレイアウトを適用して，見栄えの良いスライドを作成してみよう。

- ⑤の操作後に
[ファイル]タブ→「名前を付けて保存」を選択し，ファイル名を「ネットからのテーマのダウンロード」として，デスクトップに保存するとよい。

課題4

スライドに，さまざまなレイアウトを設定してみよう。

<操作方法>

① [ホーム]タブ→[スライド]グループの中の[レイアウト]ボタンをクリックする。すると，図3.2.6のような，さまざまなレイアウトが表示される。

- レイアウトの変更
レイアウトは，設定後も変更することができる。

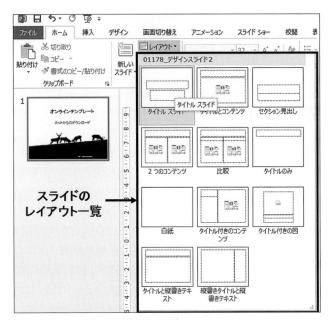

図 3.2.6　スライドの Office テーマ

② レイアウトメニューをクリックし，さまざまなレイアウトの適用を試みよう。

課題 5

新しいスライドを挿入して，「タイトルとコンテンツ」というレイアウトを設定しよう。

＜操作方法＞
① ［ホーム］タブ→［スライド］グループの中の［新しいスライド］ボタンをクリック。すると，新しいスライドが挿入される。
② ［ホーム］タブ→［スライド］グループ→［レイアウト］ボタンをクリックすると，図 3.2.6 のようなレイアウトテーマのメニューが表示される。
③ ［レイアウトメニュー］の中の［タイトルとコンテンツ］を選択すると，編集中のスライドに，選択したレイアウトが設定される。

■ 練習 ■
1．「白紙」というレイアウトを適用してみよう。
　　白紙は何もコンテンツがない状態で，テキストの挿入や，イラストの挿入などが，自由に行える編集画面である。
2．「タイトルのみ」というレイアウトを適用してみよう。
　　タイトルのみも，「白紙」と同じにテキストや，イラストなどを自由に挿入できるが，タイトルがあらかじめ用意されている。

3.3　文字の入力と図形の作成

3.3.1　文字の入力

課題1
最初にタイトルとサブタイトルを入力しよう。

・効果的なプレゼンテーション資料を作成するためには
Word文書の目的が，一人ひとりの読者を対象に，詳細な情報を正確に伝えることであるのに対して，PowerPointでは複数の視聴者を対象に，要点を簡潔にまとめて伝えるようなプレゼンテーション用の資料作成にその狙いがある。従って，PowerPointでは文字の見やすさはもちろん，文書整理や箇条書き，図表を用いた表現など，視聴者のイマジネーションを刺激して，論旨を簡潔に伝える工夫が必要である。

・内容全体の構成は
ストーリー全体の構成は，アウトライン機能を用いると考えやすい。

・アウトライン機能の利用
内容を，編集画面左端のアウトラインタブを用いて整理し，スライドの中は，行頭文字や段落記号などを用いた論点の整理が効果的である。アウトライン機能については，3.3.3アウトライン表示の活用を参照のこと。

＜操作方法＞
① PowerPoint2013を起動し，1枚目のスライドの［タイトルを入力］というプレースホルダ内で一度クリックし，文字入力が可能な状態にする。
② プレースホルダに「資源高騰と電力不足」と入力する。
③ サブタイトルは，「誰にでもできる省エネ，節電対策」,「学籍番号」「名前」を入力する（図3.3.1）。

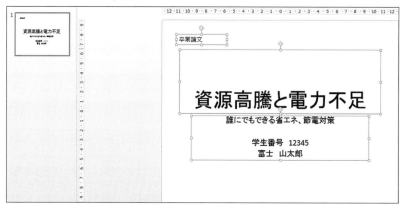

図3.3.1　パワーポイントのタイトル画面

④ ［挿入］タブ→［テキスト］グループ→［テキストボックス］ボタンをクリック。編集画面の左上をドラッグして，テキストボックスを作成する。
⑤ 作成したテキストボックスに「卒業論文」と入力する（図3.3.1）。

■**文字の編集**

・文字の編集
文字の編集の仕方は，Wordと同じである。

　テキストボックスに入力した文字は，さまざまなスタイルに変更することができる。

課題2

上記課題1で入力した文字に，スタイルを適用しよう。

＜操作方法＞
① ［クリックしてタイトルを入力］プレースホルダまたは，［テキストボックス］の中の文字をハイライト（範囲指定）する。
② ［ホーム］タブ→［フォント］グループの中のさまざまなボタンをクリックして，フォントスタイルを設定してみよう。

■練習■

上記課題2で，［フォント］グループの中の文字の種類，文字の大きさ，文字色など，いろいろ試みて，文字の書式を変えてみよう。

3.3.2 箇条書きと段落番号

PowerPoint2013では，Word2013と同様，各項目に行頭文字を付けることができる。行頭文字や段落番号を付け，インデントをとって階層構造で表示すると，各項目の関連性が一層わかりやすくなる。

(1) 箇条書き　行頭番号の挿入

課題3

各項目に行頭文字を付け，図3.3.2のような箇条書きのスライドを作成しよう。

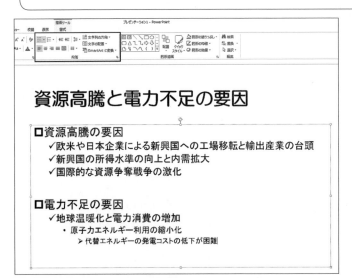

図3.3.2　箇条書きと項目の階層構造

<操作方法>

① 新規スライドを挿入し，レイアウトを[タイトルとコンテンツ]とする。
② [タイトルを入力]というプレースホルダ内に，「資源高騰と電力不足の要因」とタイトルを入力する。
③ [テキストを入力]というプレースホルダに，図3.3.3のような各項目を入力する。

・①の操作
新規スライドの挿入
[ホーム]タブ→[スライド]グループ→[新しいスライド]を選択し，スライドを挿入する。

・**スライドレイアウトの設定**
[スライド]グループ→[レイアウト]→[タイトルとコンテンツ]を選択。

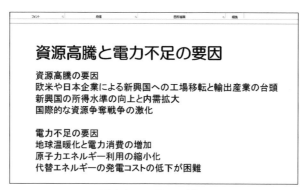

図3.3.3　項目の挿入

④ ③で入力した各項目の1行目と5行目をマウスで選択し，[ホーム]タブ→[段落]グループ→[箇条書き]→[四角の行頭文字]を選択し，2つの行の行頭に□を挿入する(図3.3.4)。

・**④のヒント：複数の範囲を選択するには**
1行目と5行目をハイライトさせるには，まず，1行目を選択し，[Ctrl]キーを押しながら，5行目を選択する。

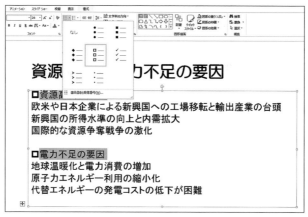

図3.3.4　□の行頭文字の挿入

⑤ 項目の2～4行目をマウスで選択し，[ホーム]タブ→[段落]グループ→[箇条書き]→[チェックマークの行頭文字]をクリック。
⑥ ⑤と同様に，項目の2～4行目をマウスで選択し，[ホーム]タブ→[段落]グループ→[インデントを増やす]をクリックする(図3.3.5)。

・**インデントの設定**
段落を用いて箇条書きなどの文書を階層的に設定する。

・**⑥の操作後に**
図の3.3.4のように2～3行目の項目が右にずれて，文字の大きさも小さくなることを確認する。

3.3 文字の入力と図形の作成 | 153

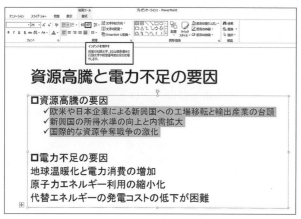

図 3.3.5　インデントとチェックマークの挿入

・ルーラーによる段落の調整

段落の調整は，ルーラーを用いてもできる。段落ごとに上端のルーラーの下段のマーカーを，それぞれ右に0.5程度移動し，行頭文字との間隔の調整を行う。

・ルーラーの表示

[表示]タブ→[表示]グループのルーラーにチェックを入れると編集画面上にルーラーが表示される。

■ 練習 ■

上記，図3.3.5のスライドの「電力不足の要因」という段落について，行頭文字とインデントの設定を行って図3.3.2のスライドのような文書を作成しなさい。

・練習のヒント

たとえば7行目の「原子力エネルギー利用の最小化」の行では，以下のような操作を行う。
①この行をマウスで選択し，[ホーム]タブ→[段落]グループ→[箇条書き]→[塗りつぶし丸の行頭文字]をクリック。
②さらに，[ホーム]タブ→[段落]グループ→[インデントを増やす]アイコンを2回クリックする。または[Tab]キーを2回押してもよい。
他の行についても同様に行う。

(2) 段落番号の挿入

課題4

各項目に段落番号を付けて，図3.3.6のようなスライドを作成しよう。

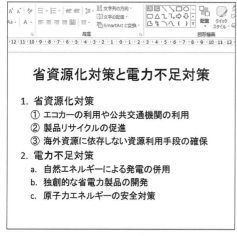

図 3.3.6　段落番号の挿入

＜操作方法＞

① 新規スライドを挿入し，レイアウトを[タイトルとコンテンツ]とする。
② 上記課題2と同様に，図3.3.6を参考にして，[タイトルを入力]と[テキ

・①の操作
新規スライドの挿入
[ホーム]タブ→[スライド]グループ→[新しいスライド]を選択し，スライドを挿入する。

スライドレイアウトの設定
[スライド]グループ→[レイアウト]→[タイトルとコンテンツ]を選択。

ストを入力]プレースホルダに,各項目をベタ打ちで入力する。
③ すべての行をマウスで選択し,[ホーム]タブ→[段落]グループ→[段落番号]ボタンの右の▼をクリックする。
④ 表示されたプルダウンメニューから1．2．3．という段落番号をクリック。すると,各行に1～8の段落番号が挿入される(図3.3.7)。

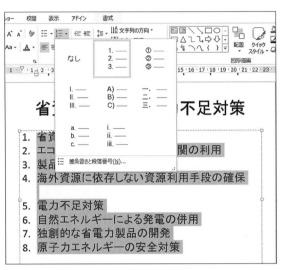

図3.3.7　段落番号の挿入

⑤ 2～4行を選択し,[ホーム]タブ→[段落]グループ→[インデントを増やす]をクリックする(図3.3.8)。

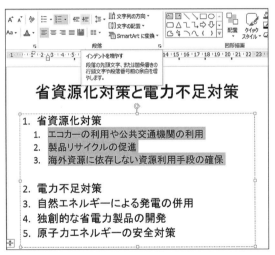

図3.3.8　段落番号の挿入とインデントのレベル上げ

⑥ さらに,2～4行を選択し,[段落]グループ→[段落番号]の▼をクリックして,①,②,③という段落番号を選択する(図3.3.9)。

・⑤の操作の後に
行頭番号が2．3．4．から1．2．3．に変化することに留意する(図3.3.8)。
さらにインデントが設定されて,2～4行目の項目が,右にずれて文字の大きさも小さくなることを確認する。

・この操作は,[Tab]キーを用いて行うこともできる。

・[Tab]キーによる段落のレベル上げとレベル下げ
レベルを下げたい時は,該当段落を選択し,[Tab]キーを押す。
レベルを上げたい時は[Shift]キーを押しながら[Tab]キーを押す。

・⑥の操作の後に
図3.3.6のような項目の並びになることを確認する。

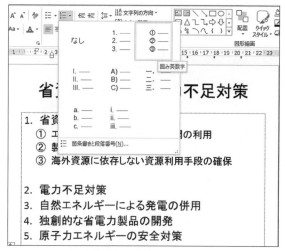
図 3.3.9　段落番号の挿入とインデントの調整

■ 練習 ■

図 3.3.9 のスライドで，電力不足対策の段落に対して，図 3.3.6 と同様に段落番号を設定しなさい。

・練習のヒント
6～8 行目の項目に対して，以下のような操作を行う。
①6～8 行目をマウスで選択。
②[ホーム]タブ→[段落]グループ→[インデントを増やす]アイコンをクリック。
③さらに，6～8 行目を選択し，[段落]グループ→[段落番号]の▼をクリック→[a.b.c]という段落番号をクリックする。

■項目のレベル上げとレベル下げ

レベルとは箇条書きの階層段階のことである。項目のレベル上げやレベル下げを行うと，項目一覧を構造的に細分化することができる。

課題 5
課題 4 で用いた項目のうち，一つの項目のレベルを下げてみよう。

＜操作方法＞
① 上の課題で用いた項目のうち，一つの項目をハイライトさせる。
② [Tab]キーを押す。すると，該当する項目（行）のレベルが 1 ランク下げられる。

■ 練習 ■

1．レベル下げを何度か行って，どのように項目が表示されるか試してみよう。
2．上の課題と同様にして，レベル上げをしてみよう。

・[Tab]キーによる段落のレベル上げとレベル下げ
レベルを下げたい時は，該当段落を選択し，[Tab]キーを押す。
レベルを上げたい時は[Shift]キーを押しながら[Tab]キーを押す。

■段落の一括設定

段落の設定を一括して行うためには，[ホーム]タブ→[段落]グループの右下の をクリックする。表示されたダイアログボックス（図 3.3.10）上で，段落に関するさまざまな設定を行うことができる。

・項目の配置の調整
左揃え,中央揃え,右揃えをクリックすると,行の揃え方を設定できる。
両端揃えは,左右の余白に合わせて文字列を配置する。
均等割り付けは,段落全体の幅を,を左右の余白に揃えて,文字を均等に配置する。

・行間の幅の指定
間隔グループの行間ボタンをクリックすると,行間の幅を設定する数値が表示される。ここで,任意の数値を入力すると,行間の幅を変更することができる。

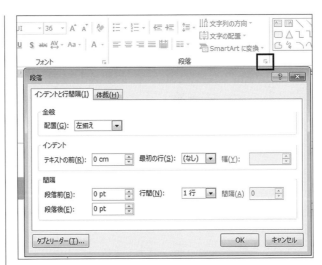

図 3.3.10 段落の一括設定

3.3.3 アウトライン表示の活用

今までは,スライドを編集してきたが,ここでは,アウトライン機能を用いたプレゼンテーション内容の骨格作りを考えよう。アウトライン機能を用いると,各スライドの文字情報のみが表示される。そのため,発表内容の全体の流れやポイントをつかみやすい。

課題6

アウトライン機能を用いて,自己紹介のプレゼンテーション資料を作ってみよう。

・アウトライン機能の活用
会社などの組織では,事業企画,商品企画,顧客へのさまざまな提案など,プレゼンテーションを行う機会が多い。発表資料の作成では,プレゼンテーションの視聴者の理解が得られるような工夫が必要である。
・視聴者の理解を得るためには,「何を伝えるのか?」,「どのようなストーリーや順序か?」などを明確にする必要がある。そのためには,まず自分の考えなど論旨を考える必要がある。
・例えばボランティア活動では,活動内容の紹介をして理解や参加を求めたり,会社では,商品企画の検討結果を説明して,上司に承認を求める,などの場面が想定される。PowerPointでは,このようなプレゼンテーションの論旨を整理するために,思考の道具として,アウトライン機能を利用することができる。

<操作方法>
① PowerPoint2013を立ち上げ,[表示]タブ→「プレゼンテーションの表示」グループ→「アウトライン表示」ボタンをクリックする。
② 表示されたアウトラインタブで,**1**□ というアイコン(図3.3.11)をクリックし,その横に「自己紹介」と入力する。すると,編集中のスライドのタイトルに「自己紹介」と表示される。
③ ②で入力した「自己紹介」という文字の右端をクリックし,[Enter]キーを押すと,図3.3.11のような2枚目のスライド(**2**□ というアイコン)が表示される。

3.3 文字の入力と図形の作成

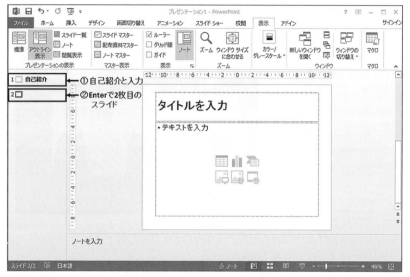

図3.3.11 アウトラインの作成

・自己紹介のプレゼンテーション
自己紹介の場合,何を中心の話題とするかを考える事が重要である。たとえば出身地を中心にして,出身地の紹介を交えて自己紹介をする場合や,趣味やスポーツの部活を中心にして,趣味の特徴や自分の目標,スポーツの概要と役割や構成メンバーの紹介などを中心に展開する方法が考えられる。

・④たとえば
名前,生年月日,出身地,血液型,趣味,サークル,所属学部,興味を持っていること,など。

④ ③と同様に,自己紹介のストーリーを考えながら,アウトラインタブに,各スライドのタイトルを記入していく(図3.3.12)。

図3.3.12 アウトラインで大まかな流れを入力する

・新しいスライドの挿入
新しいスライドを挿入するには,[ホーム]タブ→[スライド]グループ→[新しいスライド]ボタンをクリックしてもよい。

・テーマの選択
[デザイン]タブ→[テーマ]グループ→右下のをクリック。表示されたテーマから好みのテーマを選択する。

・図形描画ツール,SmartArtツールについては,第2章2.4.3 SmartArtの利用と操作を参照のこと。

⑤ 次に,各スライド上で,[コンテンツ]プレースホルダに各項目を入力する。項目がアウトラインタブに表示されることを確認する(図3.3.13)。

- ⑥オンライン画像

「挿入」→「画像グループ」→「オンライン画像」をクリックする。表示された[画像の挿入]ダイアログボックスで「Bing イメージ検索」ボックスにキーワード(ここでは"ねこ")を入力し、[検索]ボタンをクリックするとイラストの候補が表示される。好みのイラストを選択し、[挿入]ボタンをクリックすると編集画面にイラストが挿入される。イラストを拡大したり縮小したりして、サイズを整える(図3.3.13)。

- オンライン画像の編集

スライドに挿入したオンライン画像をクリックすると、■や○などのマークと輪郭が表示される。■や○の部分にマウスカーソルを合わせ、ドラッグすると、拡大や縮小ができる。■では、縦方向や横方向のみの拡大や縮小が可能である。
また上端の緑の○の上にマウスカードカーソルを合わせれば、回転の矢印↻が表示されるので、ドラッグすると、任意の回転ができる。

- ⑦ファイルの保存

[ファイル]タブ→「名前を付けて保存」を選択するとダイアログボックスが表示されるので、保存先を「デスクトップ」、ファイル名を「自己紹介」として、「保存(S)」ボタンを押す。

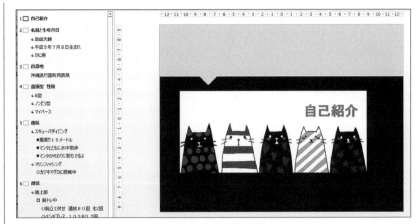

図3.3.13　アウトラインで大まかな流れをつかむ

⑥ 必要に応じて画像やイラストなどを挿入し、位置や大きさを調整する(図3.1.13)。

⑦ 完成したら、ファイルを保存(名前を付けて保存)する。

3.3.4　文字の装飾と図形の作成

　PowerPoint2013で、文字を装飾するにはワードアートを利用する。また、図形を描くには、主に図形描画ツールを用い、図表を作成するにはSmartArt グラフィックを利用する。使い方は、Microsoft Word 2013と同じである。ここでは、特にPowerPointで資料を作成する際によく用いられる機能について触れておく。

(1) 文字の装飾　ワードアートの利用

　ワードアートを利用すると、装飾された文字を描くことができる。ワードアートは、ポスターやカタログの制作などには欠かせない。

> **課題7**
>
> PowerPoint2013と書き、ワードアートを用いて変形してみよう(図3.3.14)。

3.3 文字の入力と図形の作成 | 159

図 3.3.14　ワードアートの挿入

＜操作方法＞

① リボンの[挿入]タブ→[テキスト]グループ→[ワードアート]ボタン(図3.3.14)をクリック。
② 表示されたダイアログボックスのうち，候補となる字体をクリック。
③ 編集中のスライド上に，「ここに文字を入力」というテキストボックスが表示されるので，「PowerPoint2013」と入力する。
④ 入力した文字をクリックした後，[描画ツール]→[ワードアートのスタイル]グループ→[文字の効果]ボタンをクリック(図3.3.15)。
⑤ 表示されたプルダウンメニューから，[変形]を選択。
⑥ 表示されたプルダウンメニューから好きな形(ここでは[上アーチ])をクリックすると，編集中の文字にそのスタイルが適用される。

・④入力した文字をクリックするとリボンに[描画ツール]が表示される。

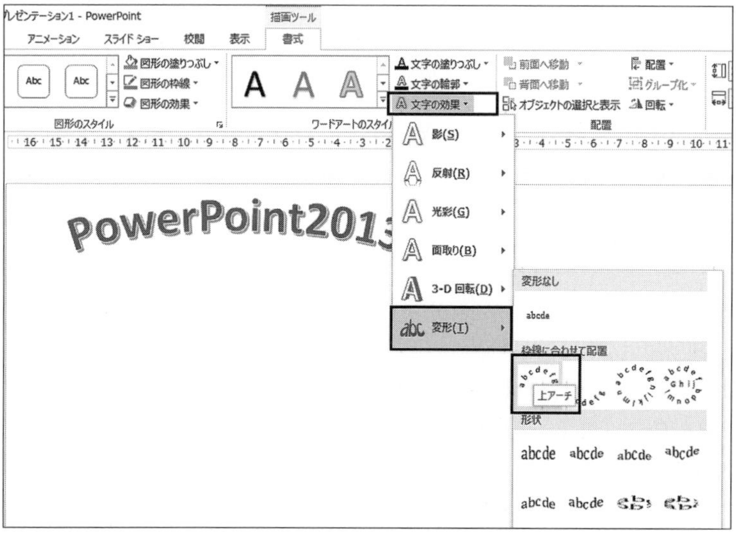

図 3.3.15　ワードアートの変形

⑥スタイルが適用されたら
スタイルが適用された後，スライド上で，さらに変形したり，拡大・縮小・回転・移動等の編集ができる。

■ 練習 ■

1．ワードアートを用いて自分の名前を描いてみよう。
2．描いた自分の名前のサイズ変更や，回転をしてみよう。
3．[文字の効果]を用いて，光彩設定，3D回転設定，変形設定を行おう。

(2) 図形の作成と編集

図形描画ツールを使うと，簡単に図形を描くことができる。図形描画ツールは，[ホーム]タブ→[図形描画]グループに用意されている(図3.3.16)。

図3.3.16

○課題8

図形描画ツールを使って，図3.3.17の①，②，③の順に同様の図形を描いてみよう。

①図形の挿入　　②図形の塗りつぶしと枠線　　③クイックスタイル

図3.3.17　図形の挿入と描画

<操作方法>
① リボンの[ホーム]タブ→[図形描画]グループ→[図形]ボタンをクリックする。
② ①で表示された挿入図形一覧のメニューから，[ブロック矢印]グループの[ストライプ矢印]をクリック。
③ 編集中のスライド上で，マウスをドラッグして，ストライプ矢印を描画する(図3.3.17の①)。
④ [図形描画]グループ→[図形の塗りつぶし]ボタンをクリック。任意の色を選んでクリックし，矢印に色を付ける。
⑤ [図形描画]グループ→[図形の枠線]ボタンをクリック。表示されたダイアログボックスの中から，「太さ」や「実線／点線」を選んで設定する。ここでは，線の太さを2.25とし，線種を破線とする(図3.3.17の②)。

3.3 文字の入力と図形の作成 | 161

■さて,ここで図形の中に文字を挿入してみよう。

⑥ 描画されたストライプ矢印の上で,右クリックして,[テキストの編集]を選択(図 3.3.18)。

⑦ 図 3.3.19 のように,ストライプ矢印の中へ「パワーポイント」と入力する。

・⑥⑦の操作
は,図形の中への文字挿入である。

・図形の中への文字挿入
図形の中への文字の挿入は,図形をクリックしてそのまま入力をすれば,文字入力は可能である。それでもうまくいかないときは,図形を右クリックして[テキストの編集]を選択すると,文字入力が可能になる。

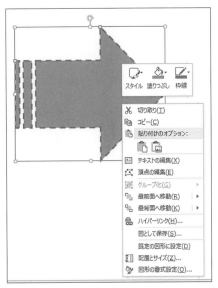

図 3.3.18　図形の中への文字の挿入

■最後に,クイックスタイルを適用しよう(図 3.3.17 の③の図)。

⑧ ストライプ矢印をクリックし,[ホーム]タブ→[図形描画]グループ→[クイックスタイル]ボタンをクリックする。ここでは,[光沢・オレンジ,アクセント 2]を選択する(図 3.3.19)。

⑧の操作
[クイックスタイル]の適用
[クイックスタイル]では,[描画のスタイル]の中に,あらかじめ用意されたデザインを利用することができる。

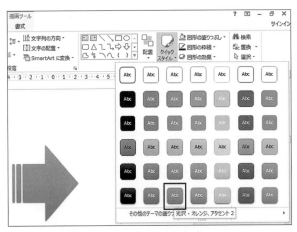

図 3.3.19　クイックスタイルの適用

■図形の配置について

リボンの[ホーム]タブ→[図形描画]グループ→[配置]ボタンをクリック

・**図形（オブジェクト）の配置**
① **「オブジェクトの順序」** では，図形同士が重なり合ったときに，オブジェクトを前面に出したり，背面に移したりするなど，各オブジェクトの重なり具合を設定する。

② **「オブジェクトのグループ化」** は，複数の図形やテキストなどのオブジェクトを一つにまとめて，拡大，縮小，移動，回転などの操作を行うときに使用する。

③ **「オブジェクトの位置」** には，図形（オブジェクト）の配置や背景に設定されているグリッドの格子に，図形を合わせるなどの操作を行うときに用いる配置機能，図形の任意回転，上下や左右の反転などの機能が用意されている。

すると，図3.3.20のような配置のメニューが表示される。重要な内容であるが，詳細については右の注釈を参照のこと。

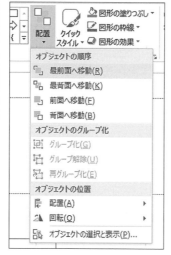

図3.3.20　図形の配置

課題9

図形描画ツールを使って，図3.3.21の順に従って，⑥のような木を描こう。

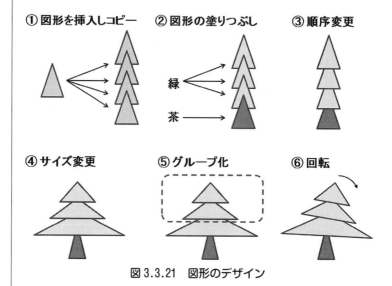

図3.3.21　図形のデザイン

＜操作方法＞
① リボンの[挿入]タブ→[図]グループ→[図形]ボタンをクリック。図3.3.21の①のような△ボタンを選択し，編集中のスライドにドラッグして適当な大きさに描く。
② ①で描いた△マークをコピーし，△を図3.3.21①図のように4つ貼り

付ける。

③ 描いた図形の上をクリックし,「描画ツール」→「書式」タブ→「図形のスタイル」グループ→「図形塗りつぶし」ボタンをクリック。図 3.3.21 の②図のように,4 つの△の上部 3 つは緑(枝葉の部分)に,下の 1 つは茶色(幹の部分)に塗りつぶす。

④ ③と同様にして,[配置]グループ→[前面へ移動]又は[背面へ移動]をクリックして,各図形の表示順序を,図 3.3.21 の③図のように配置する。

⑤ 次に,各三角形をマウスでクリックし,図 3.3.21 の④図のようにサイズの変更を行う。

⑥ 図 3.3.21 の⑤図のように,上の 2 つの図形をマウスで選択する。

⑦ 次に,⑥で選択した 2 つの△を,グループ化する。グループ化は[配置]ボタン→[オブジェクトのグループ化]→[グループ化]をクリックする。

⑧ 最後に,風で木がしなる様子を表現する。まず,グループ化した 2 つの△をクリックする。→上端に表示される ⚲ をドラッグし,選択されたオブジェクトを右に少し回転させる。

・オブジェクトのグループ化
グループ化とは,[ホーム]タブ→[図形描画]グループ→[配置]の中に用意された機能で,複数の図形を一つのオブジェクトとしてまとめることである。

・グループの解除
[グループ化]と同じ位置にある[グループ解除]を選択すると,グループ化されたオブジェクトは解除される。

(3) 図表の作成　SmartArt グラフィックの利用

SmartArt グラフィックを利用すると,図表をより視覚的に表現することができる。SmartArt は,[挿入]タブ→[図]グループ→[SmartArt]ボタンをクリックするとさまざまなメニューが用意されている。

課題 10

SmartArt を用いて,図 3.3.22 のような図表を作成しよう。

・SmartArt グラフィック
「SmartArt グラフィックの選択」ダイアログボックスは,グラフィックを用途別に整理したメニューである。
各メニューの中は「グラフィックを表示するリスト」と「選択のためのスクロールバー」と「用途の説明」から構成されている。

・SmartArt の利用法については,第 2 章 2.4.3 SmartArt の利用と操作を参照のこと。

図 3.3.22　SmartArt グラフィックの利用

<操作方法>
① 新しいスライドを挿入する。レイアウトを,「タイトルとコンテンツ」とする。

・新しいスライドの挿入
[ホーム]タブ→[スライド]グループ→[新しいスライド]ボタンをクリック。

・①のタイトルには,「情報大学学部構成」と入力する。

・図形の追加

SmartArtの上をクリックすると，リボンはSmartArtのデザインツールの表示となる。

ここでは，最初3つのテキストボックスが表示されているが，任意のテキストボックスをクリックしてから[グラフィックの作成]グループ→[図形の追加]を選択することで，新たなテキストボックスを追加できる。このとき[図形の追加]にはプルダウンメニューで[前に図形を追加]もしくは[後ろに図形を追加]が現れる。これは，新たなテキストが選択したテキストの前に挿入されるか後ろに挿入されるかの選択である。

② [挿入]タブ→[図]グループ→[SmartArt]ボタンをクリック。すると，図3.3.23のような[SmartArt グラフィックの選択]ダイアログボックスが表示される。

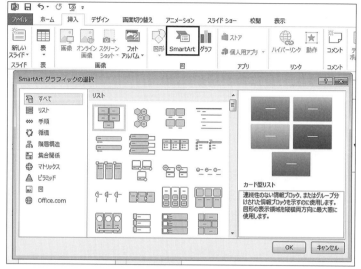

図3.3.23　SmartArt グラフィックの選択ダイアログボックス

③ ここでは，[リスト]→[縦方向プロセス]を選択し，[OK]ボタンをクリックする。図3.3.24のようなプレースホルダが表示され，リボンにはSmartArtに関するタブやボタンが表示されることを確認する。

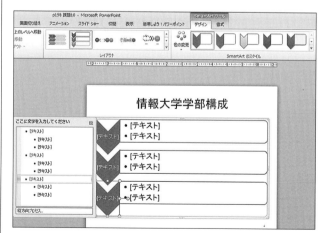

図3.3.24　リボン表示の変化と挿入されたテキスト

④ここでは，項目

が1つ足りないので追加する。

・位置を指定して追加する。

指定された項目の，後ろに図形が追加される。

■項目を追加する

④ リボンの[SmartArt ツール]→[デザイン]タブをクリックする。次に，スライド上の一番下のをクリックしてから，リボンの[グラフィックの作成]グループ→[図形の追加]の▼をクリック。

⑤ 表示されたメニューから, [後ろに図形を追加] を選択すると, ▽ が追加される。
⑥ 同様に, [行頭文字の追加] ボタンをクリック。
⑦ 図表, またはテキストウィンドウに文字を入力する。各項目の上端には学部を, 下部には学科を入力する(図 3.3.22 を参照のこと)。

・⑥のヒント
同様に, 追加された図形に [グラフィックの作成] グループ→[行頭文字の追加] ボタンをクリック。

■各図形の項目を編集する(図 3.3.25)
⑧ 各学部や学科をクリックし, [色の変更] ボタンをクリックして好きな配色を選択。
⑨ [SmartArt のスタイル] グループの ▽ をクリックし, 表示されたプルダウンメニューの [3-D] グループ→[立体グラデーション] をクリック。

・⑧ [色の変更] ボタン
[SmartArt] ツール → [SmartArt のスタイル] グループ→[色の変更] ボタンをクリック(図 3.3.25)。

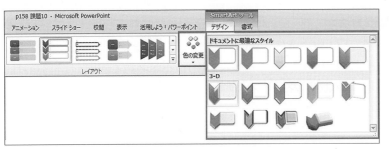

図 3.3.25 項目のデザインの選択

⑩ 最後に, タイトルに, 「大学　学部構成」と入力する。できれば, ワードアートを利用して文字をデザインするとよい(図 3.3.22)。

・ワードアートの利用
[挿入] タブ→[ワードアート] で文字をデザインする。

■ 練習 ■

1. 上の例で, リボンの [レイアウトの変更], [色の変更] を用いて, さまざまなスタイルを試してみよう。
2. 図 3.3.23 に示した SmartArt のスタイルを変更してみよう。
3. [グラフィックスの作成] タブ→[図形の追加] ボタンをクリックし, 新しい学部と学科を追加しよう。

3.4 図やサウンド, ビデオを挿入する

3.4.1 図を挿入する

(1) ファイルから図を挿入する

課題1

サンプルピクチャにあるペンギンの写真をスライドに挿入しよう。

<操作方法>

① 新しいスライドを作成する。
② [挿入]タブ→[画像]グループ→[画像]ボタンをクリック。すると, [図の挿入]ダイアログボックスが表示される(図3.4.1)。
③ 表示されたダイアログボックスの, [ライブラリ]→[ピクチャ]→[サンプルピクチャ]をクリック(図3.4.1)。

・①新しいスライドの挿入
[リボン]→[ホーム]タブ→[スライド]グループ→[新しいスライド]ボタンをクリック。

・レイアウトの設定
[リボン]→[ホーム]タブ→[スライド]グループ→[レイアウト]ボタンをクリック。表示されたダイアログボックスから[タイトルとコンテンツ]をクリック。

・[図の挿入]ダイアログボックスを表示するには
スライド編集画面の[テキストを入力]プレースホルダのメニューから[画像]をクリック。すると, 図3.4.1のような[図の挿入]ダイアログボックスが表示される。

・パソコン内の図やサウンド
同じWindowsでもOSが異なると, あらかじめ用意された図やサウンドのファイルが異なるので注意しよう。
Windows7の場合は[ピクチャー], [ビデオ], [ミュージック]に分かれ, それぞれにサンプルが用意されている。

図3.4.1 図の挿入ダイアログボックス

④ 表示された図の中から「ペンギン」をクリック。[挿入]ボタンをクリックする。すると,編集中のスライドにペンギンの写真が挿入される(図3.4.2)。

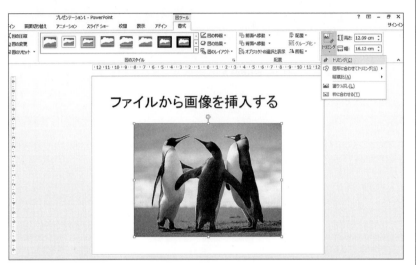

図3.4.2　スライドに挿入されたペンギンの図

⑤ 挿入された図は,マウスで枠をドラッグして拡大・縮小したり,移動したり,回転させることができる。いろいろと試してみよう。
⑥ [図形]ツール→[書式]タブをクリックすると,図を編集するためのさまざまなツールが表示される(図3.4.2)。ここで,[トリミング]ボタン→[トリミング]をクリックして,トリミングをしてみよう。

■ 練習 ■

1. 上記課題1で,挿入したペンギンの図を,回転,縮小してみよう。さらに,アート効果をかけてみよう。
2. デジカメや携帯電話の写真を取り込んで,PowerPointのスライドに挿入してみよう。

(2) オンライン画像から図を挿入する

課題2

編集中のスライドに,オンライン画像からコンピュータの図を挿入してみよう。

＜操作方法＞
① 新しいスライドを作成する。
② [挿入]タブ→[画像]グループ→[オンライン画像]ボタンをクリック。

・トリミング
[トリミング]ボタンの▼をクリック→表示されたメニューから[図形に合わせてトリミング(S)]→表示されたメニューの基本図形から「雲」を選択。すると,挿入された図が雲形に切り取られる(下図)。

・1のヒント アート効果
画像をクリック→[図]ツール→[書式]タブ→[調整]グループ→[アート効果]ボタンをクリック。ここに,さまざまなアート効果が用意されている。

すると，[画像の挿入]ダイアログボックスが表示される（図 3.4.3）。

図 3.4.3　オンライン画像を挿入する

・**複数のコンテンツを挿入したい場合は**[Ctrl]キーを押しながらコンテンツを選択する。

③　[画像の挿入]ダイアログボックスで，[Bing イメージ検索]ボックスにキーワードを[コンピュータ]と入力し，[検索]ボタンをクリックする（図 3.4.4）。

図 3.4.4

④　表示された，コンピュータに関する図の一覧から，好みの図をクリックし，[挿入]を選択する。もしくはダブルクリックする（図 3.4.4）。

3.4.2　サウンドを挿入する

課題3

編集中のスライドに，サウンドを挿入してみよう。

図3.4.5　挿入されたサウンド

・その他のサウンドの挿入

［マイドキュメント］フォルダの中の［マイミュージック］フォルダや，Windows［サンプルミュージック］フォルダなどから，挿入するサウンドファイルを選択する。

・オンラインオーディオからサウンドを挿入するには

サウンドの挿入は，オンラインオーディオからもできる。
①［挿入］タブ→［メディア］グループの「オーディオ」ボタンの▼をクリックし，［オンラインオーディオ］を選択する。
②表示された［オーディオの挿入］ダイアログボックス上で，［オーディオの挿入］ボックス欄にキーワード（ここでは［ジャズ］）を入力し，検索ボタンを押す。
③表示された候補の中から［ジャズ］を選択し，［挿入］ボタンをクリックすると，編集中のスライドにスピーカーマークが挿入される。

＜操作方法＞

① 新しいスライドを挿入する。
②［挿入］タブ→［メディア］グループ→［オーディオ］ボタンの▼をクリック。
③ 表示されたプルダウンメニューから，［このコンピューター上のオーディオ（P）］をクリック（図3.4.6）。

図3.4.6　サウンドファイルの挿入

④ 表示された［オーディオの挿入］ダイアログボックスの左端で［ライブラリ］→［ミュージック］をクリック。さらに［サンプルミュージック］をダブルクリック。目的のサウンドファイルをクリックする（図3.4.7）。

図 3.4.7 目的のサウンドファイルの選択

⑤ 編集中のスライドに，スピーカーの形をした[サウンド]アイコンが挿入される（図 3.4.5）。
⑥ 表示された再生ボタン（▶）を押すと，サウンドを聞くことができる。
⑦ [サウンド]アイコンをクリックして，[オーディオツール]→[再生]タブをクリックすると，サウンド編集に関するさまざまなボタンが用意されている。ここでは[オーディオのオプション]グループの[音量]ボタンで，音量を調節してみよう。

■ 練習 ■

1. 上記の課題⑦で，再生タブをクリックし，サウンド開始のタイミングや，トリミング，フェードインなど，さまざまな効果をかけてみよう。

3.4.3 ビデオファイルを挿入する

ここでは，編集中のスライドにビデオファイルを挿入してみよう。

課題 4
ビデオファイルを挿入してみよう。

・**再生**
再生は[スライドショー]でも可能で直接[スピーカー]マークをクリックすると再生される。

・**PowerPoint で利用できる主なサウンド形式**
PowerPoint で利用できる主なサウンド形式は wav ファイル, midi ファイル, mp3 ファイルである。

・⑦**音量の調節**
[サウンド]アイコンをクリックし, [オーディオ]ツール→[再生]タブ→[オーディオのオプション]グループ→[音量]ボタンをクリック。
又は, [サウンド]アイコン

の下に表示されている🔊をクリック。

・[**オーディオツール**]には, [書式]タブと[再生]タブがあり, それぞれオーディオに関する編集と詳細な設定を行うことができる。

3.4 図やサウンド、ビデオを挿入する   171

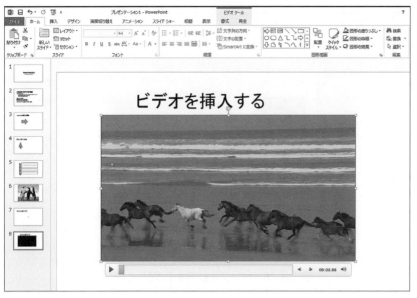

図3.4.8　野生動物のビデオの挿入

・PowerPointで利用できる主な動画ファイルの形式
PowerPointで利用できる主な動画ファイルは，Windowsメディアファイル(.asf/.wmv)，Windowsビデオファイル(.avi)，フラッシュビデオファイル(.asf)，ムービーファイル(.mpg/.mpeg)である。

＜操作方法＞
① 新しいスライドを挿入する。
② [挿入]タブ→[メディア]グループ→[ビデオ]ボタンの▼をクリック。
③ 表示されたプルダウンメニューから，[このコンピューター上のビデオ(P)]をクリック(図3.4.9)。

図3.4.9　ビデオボタンの選択

④ 表示された[ビデオの挿入]ダイアログボックスで，[ライブラリ]→[ビデオ]をクリックすると[サンプルビデオ]フォルダが表示される(図3.4.10)。

・[You Tube]からのビデオの挿入
①新しいスライドを挿入する。レイアウトを，[タイトルとコンテンツ]とする。
②スライド中の[ビデオの挿入]ボタンをクリック。
③表示された[ビデオの挿入]ダイアログボックスの[You Tube]ボックスにキーワード(例えばワールドカップ)を入れて，検索ボタンを押す。
④すると，検索された複数のビデオファイルが表示される。任意のビデオを選択し[挿入]ボタンをクリックすると，編集中のスライドにビデオファイルが挿入される。
⑤挿入されたビデオファイルの上をダブルクリックすると再生ボタンが表示される。

図 3.4.10　サンプルビデオの表示

⑤ [サンプルビデオ]フォルダをダブルクリック。表示されたビデオファイルの中の「野生動物」をクリックして, [挿入]ボタンをクリック。
⑥ すると, 編集中のスライドに, ビデオファイルが挿入される(図3.4.8)。ビデオファイルをクリックし, [再生]ボタン(▶)をクリックすると, ビデオが再生される(図3.4.8)。
⑦ 挿入したビデオファイルの[再生]ボタンをクリックし, [ビデオツール]→[書式]タブ→[調整]グループ→[表紙画像]をクリック。
⑧ 表示されたプルダウンメニューから, [現在の画像(U)]をクリック。すると, その画像が取り込んだビデオの表紙として挿入される。
⑨ ビデオファイルをクリックし, [ビデオツール]→[再生]タブをクリックすると, ビデオ編集に関するさまざまなボタンが表示される。

■ 練習 ■

上記課題4の⑥で, 表示されたビデオ編集に関するボタンを操作して, 「開始のタイミング」や「フェードイン」などの効果をかけてみよう。

・⑦表紙画像
「表紙画像」→[ファイルから画像を挿入]を選択すれば, オンライン画像などから任意の画像をビデオの表紙画像として取り込むことができる。挿入したビデオのイメージに合った画像を選択すると良い。

・[ビデオツール]には, [書式]タブと[再生]タブがあり, それぞれビデオに関する編集と詳細な設定を行うことができる。

・練習のヒント
「開始のタイミング」
ビデオファイルをクリック→[ビデオツール]→[再生]タブ→[ビデオのオプション]グループ→[開始]ボタンの▼をクリック。

「フェードイン」効果
上と同様に, 画像を徐々に明るくする様な[フェードイン]効果をかけるためには, [ビデオツール]→[再生]タブ→[編集]グループ→[フェードイン]ボタンの右の▲▼ボタンで調整する。

3.5 表の作成

プレゼンテーションで表やグラフを用いると,数値やデータを視覚的に訴えることができ,発表内容に説得力が増し効果的である。ここでは,スライドに表やグラフを挿入する方法を学ぶ。

3.5.1 表の作成と挿入

課題1

スライドに図3.5.1のような4行4列の表を作成し,スタイルを適用してみよう。

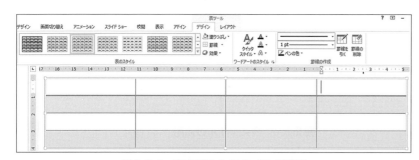

図3.5.1 表の挿入とスタイルの適用

＜操作方法＞

① [挿入]タブ→[表]の下の▼をクリックし,4×4の表の選択を行うと,図3.5.2のように編集画面に4×4の表が挿入される。

図3.5.2 表の挿入ダイアログボックス

② 表の外枠をクリックし, [表ツール]→[デザイン]タブを選択し, [表スタイル]の右下のプルダウン▼ボタンをクリックすると, 図 3.5.3 のようなリストが表示される。
③ ここでは, 図 3.5.3 のように「淡色スタイル 3 − アクセント 4」を選択すると, スタイルが適用された図 3.5.1 のような表が表示される。

> ・③表のスタイル
> 表のスタイルのプルダウンメニューでは, それぞれのスタイルの上にマウスカーソルを重ねると, 図 3.5.3 のようにスタイルの名称が表示される。
>
> ・[表のスタイル]グループ
> [表のスタイル]グループには, [塗りつぶし][罫線][効果]などのタブが用意されている。
>
> ・[塗りつぶし]：
> 選択したセルや表全体を彩色したり, グラデーションをかけたりすることができる。
>
> ・[罫線]：
> 選択したセルや表全体の罫線のスタイルを変更できる。
>
> ・[効果]：
> 選択したセルや表全体の面取りや影をつけることができる。

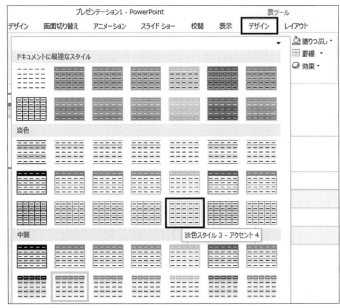

図 3.5.3　表スタイルの適用

■表の操作

　表の操作は, 表の罫線を左クリックする。次に, マウスカーソルを罫線に重ね合わせることで, 図 3.5.4 のようにマウスの形状が変化する。表の移動, 表の拡大と縮小, 表の行幅や列幅の変更はそれぞれのマウスポインタの形状を確認し, マウスをドラッグして表の形状を変更する。

> ・表の操作とマウスポインタ
> 表の移動, 表の拡大と縮小, 表の行幅や列幅の変更はそれぞれのマウスポインタの形状を確認し, マウスをドラッグして表の形状を変更する。
>
> ・表の移動
> 表を一度クリックし, マウスポインタの形が ✥ になったところで, ドラッグすると表を移動させることができる。
>
> ・表の拡大・縮小
> 表の外枠をマウスオーバーさせ, マウスポインタの形が ⤡ や ⤢ になったところで, ドラッグする。
>
> ・行幅や列幅の変更
> 表の罫線にマウスポインタを合わせ, マウスポインタの形が ⇳ や ⇴ になったところで, ドラッグする。

表の移動　　　　表の拡大・縮小　　　行幅の変更　　　列幅の変更

図 3.5.4　表の操作とマウスポインタ

■行や列の挿入と削除

課題 2

挿入された表に, 後から行や列を追加してみよう。

＜操作方法＞
① 表の外枠の罫線をクリックする。

② 図 3.5.5 のように，挿入したい行や列の位置にマウスカーソルを移動すると挿入位置を示す矢印が表示されるのでクリックすると，挿入位置の行や列が選択される。

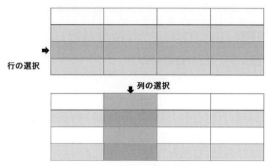

図 3.5.5　行や列の選択

③ 行や列が選択されている状態で図 3.5.6 のように，[表ツール]タブ→[レイアウト]タブを選択する。

図 3.5.6　行や列の追加

④ [行と列]グループの[上に行を挿入]，[下に行を挿入]，[左に列を挿入]，[右に列を挿入]ボタンの中から，目的にあった挿入位置を選択しクリックする(図 3.5.6)。

課題 3

挿入された表から，行や列を削除してみよう。

<操作方法>
① 挿入された表から行や列を削除するには，挿入と同様に削除したいセルをクリックする。
② [表ツール]→[レイアウト]タブ→[行と列]グループ→[削除]ボタンをクリックし，図 3.5.7 の左図のように[行の削除]または[列の削除]を選択する。

・図 3.5.5 のように，選択した行または列の矢印が表示された状態で右クリックをすると，図 3.5.7 の右側のようなメニューが表示されるので，[行の削除]または[列の削除]を選択して，削除操作を行うこともできる。

・表の削除
図3.5.6において, [表の削除]を選択すると表全体が削除される。

図3.5.7　行や列の削除

> **課題4**
>
> 課題1で作成した4×4セルの表に, 図3.5.8のようなデータを入力しよう。

100メートル競走　記録

	第1回	第2回	第3回
太郎	11秒	10秒	11秒
次郎	12秒	10秒	11秒
花子	15秒	14秒	14秒

図3.5.8　100メートル競走　記録

<操作方法>
① ［タイトル］プレースホルダに100M競走記録と入力する。
② 各セルにデータを入力する。
③ 全てのセルをドラッグして選択し, ［表ツール］→［レイアウト］タブ→［配置］グループ→［中央揃え］をクリックし, 水平方向の文字位置を中央に配置する。
④ 同様に［配置］グループ→［上下中央揃え］をクリックし, 上下方向の文字位置も中央に配置する。

■セルの分割と結合

> **課題5**
>
> セルを結合させたり, 分割したりして図3.5.9のような表を描こう。

① セルの結合は, ［表ツール］リボン→［レイアウト］タブ→［結合］グループに用意されている［セルの結合］ボタンをクリックする。
② セルの分割は, ［表ツール］リボン→［レイアウト］タブ→［結合］グループに用意されている［セルの分割］ボタンをクリックする。
③ 複数のセルを結合するには, 結合させたい複数のセルをドラッグして［セルの結合］ボタンをクリックすれば良い。

100メートル競走 記録

		第1回	第2回	第3回
太郎	男	11秒	10秒	11秒
		総合順位1位		
次郎	男	12秒	10秒	11秒
		総合順位2位		
花子	女	15秒	14秒	14秒
		総合順位3位		

図 3.5.9　セルの分割と結合

・入力セルの移動操作
入力セルの移動は[TAB]キーまたは[→]キーを使うと良い。

④ 複数のセルを分割するには，分割する複数のセルをドラッグして［セルの分割］ボタンをクリックし，セルの分割ダイアログボックスで，分割する列数や行数を指定し，[OK]をクリックする［図 3.5.10］。

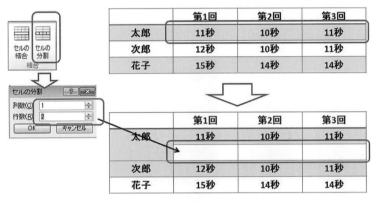

図 3.5.10　罫線の一括挿入

〈操作のヒント〉
・セルの結合（罫線の削除）
罫線を削除すると，セルが結合される。
罫線を削除するには，[表ツール]→[デザイン]タブ→[罫線の作成]グループに用意されている[罫線の削除]ボタンをクリックする。するとマウスカーソルが消しゴムのマークに変わるので，消したい罫線をクリックすれば良い。

・セルの分割（罫線の挿入）
セルのなかに罫線を引けば，セルが分割される。[罫線の作成]グループに用意されている[罫線を引く]ボタンをクリックする。するとマウスカーソルがペンのマークに変わるので，ペンをドラッグさせて罫線を引く。

・線の色，太さや形状の設定
[表ツール]タブ→[罫線の作成]グループには，罫線の形状，太さ，色を変更するツールも用意されている。

■ 練習 ■

図 3.5.9 の表に，三郎（第 1 回：12 秒，第 2 回：13 秒，第 3 回：11 秒）と四朗（第 1 回：11 秒，第 2 回：11 秒，第 3 回：12 秒）のデータを加えた表を作成しよう。

3.6　グラフの作成と挿入

表の作成は Excel を用いて表を作り，グラフを完成させてから，PowerPoint に貼り付ける方法が一般的である。しかし PowerPoint から Excel を呼び出し，PowerPoint に直接グラフを挿入することもできる。ここでは，後者の方法を学ぼう。

課題1
図 3.6.1 のようなグラフを，PowerPoint に挿入してみよう。

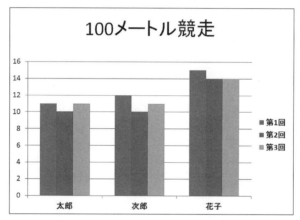

図 3.6.1　PowerPoint に挿入されたグラフ

＜操作方法＞

① ［ホーム］タブ→［スライド］グループ→［新しいスライド］ボタンをクリックし，新しいスライドを挿入する。
② ［スライド］グループ→［レイアウト］ボタン→［タイトルとコンテンツ］を選ぶ。
③ ［テキストを入力］プレースホルダ→［グラフの挿入］をクリックする。すると Excel が稼働し，図 3.6.2 のような［グラフの挿入］ダイアログボックスが表示される。

・③の操作
［挿入］タブ→［図］グループ→［グラフ］ボタンをクリックしても良い。

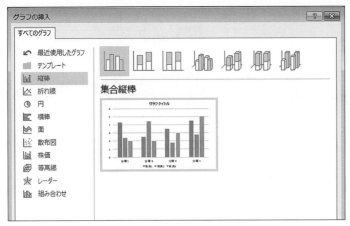

図 3.6.2　Excel のグラフ挿入ボックス

④　ここでは，集合縦棒のグラフを作成するので，[縦棒]→[集合縦棒]をダブルクリックすると，グラフを作成するための Excel が起動する（図 3.6.3）。

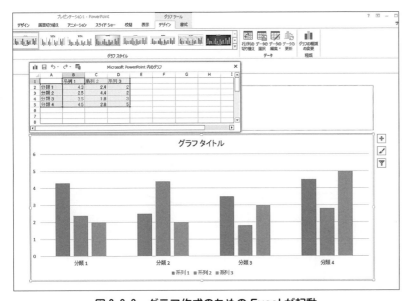

図 3.6.3　グラフ作成のための Excel が起動

⑤　「3.5.1　表の作成と挿入」で作成した 100 メートル競走のデータ（図 3.5.8 のデータ）を，起動した Excel 上で入力する（図 3.6.4）。
　　すると，データの値を反映したグラフが，PowerPoint のスライド上に表示される（図 3.6.1）。

⑥　Excel 画面の表に示された青い線の右端隅をドラッグし，データの範囲を分類 3（4 行 4 列）までとする。

・⑤データとなる数値は，半角英数で入力する。

・**⑥データの範囲変更**
Excel の青い線は，グラフの基となるデータ範囲を示している。デフォルトでは系列 3，分類 4（5 行 4 列）となっているので，このデータ範囲の右下隅をドラッグして，範囲を変更する必要がある。

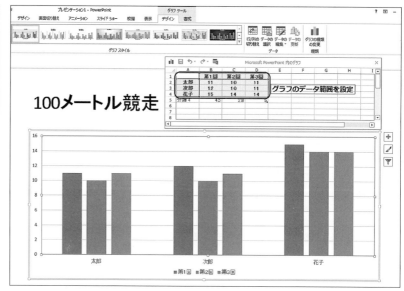

図 3.6.4　グラフ作成の Excel へのデータ入力

⑦　[タイトル]プレースホルダには,「100 メートル競走」と記載する。

さらにグラフを編集して見やすくしよう。

グラフ上をクリックすると,グラフの右端に 3 つのグラフ編集ボタンが表示される。上から[グラフの要素]ボタン,[グラフスタイル]ボタン,[グラフフィルタ]ボタンである(図3.6.5)。これらのボタンをクリックすると,それぞれに詳細なグラフ設定や,任意のデータを抽出できる(図 3.6.5)。

・[グラフ要素]の設定
[グラフ要素]ボタンをクリックすると,[グラフタイトル]や[軸ラベル],[目盛線]などのグラフ要素の挿入ができる。

・[グラフスタイル]の設定
[グラフスタイル]ボタンをクリックすると,[スタイル]ボックスが表示される。[スタイル]タブでは,様々なグラフのスタイルを,[色]タブではグラフの色を選択することができる。

・[グラフフィルタ]の設定
[グラフフィルタ]ボタンをクリックすると,表示されているデータの中から,選択したデータのみを表示するフィルタ機能を利用することができる。[適用]ボタンをクリックするとグラフに反映される。

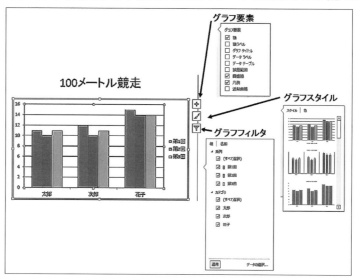

図 3.6.5　グラフ作成のための編集ボタン

■ 練習 ■

上記の課題1において,図 3.6.1 に三郎(第1回:12 秒,第2回:13 秒,第3回:11 秒)と四朗(第1回:11 秒,第2回:11 秒,第3回:12 秒)を追加してみよう。棒グラフはどのようになるであろうか?

3.7 効果的なプレゼンテーション
アニメーション効果と画面切り替え

3.7.1 アニメーションの設定

PowerPointでは,さまざまなオブジェクトにアニメーションを設定し,動きを付けることができる。動きのあるプレゼンテーションは,人々の注意を引き,効果的なプレゼンテーションを行なうことができる。アニメーションの設定ツールは,アニメーションを設定するオブジェクトをクリックし,[図ツール]または,[描画ツール]→[アニメーション]タブを選択すると表示される(図3.7.1)。

・**オブジェクト**
オブジェクトとは,図形,テキスト,表,グラフなど,PowerPointの構成要素を指す。

・**アニメーションの効果的な活用**
アニメーションは,聴衆に伝えたいメッセージを,表示順序の制御などによって順序立て,聴衆の視点を惹き付けたいときに利用すると効果的である。

・**アニメーション設定ツール**
アニメーション設定ツールには,[プレビュー],[アニメーション]グループ,[アニメーションの詳細設定]グループ,[タイミング]グループが用意されている。

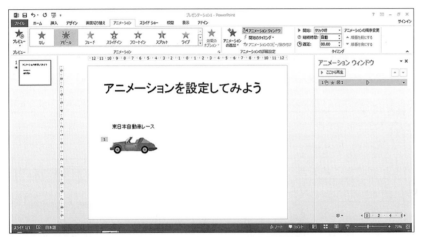

図3.7.1 アニメーションの編集画面

設定したアニメーションは,アニメーションウィンドウを表示することで,設定状態を表示することができる。アニメーションウィンドウは,[アニメーション]タブ→[アニメーションの詳細設定]グループ→[アニメーションウィンドウ]ボタンをクリックして表示する(図3.7.1右)。

> **課題1**
>
> 図3.7.2にあるようなテキストボックスと画像に,アニメーション効果をかけてみよう。まず,クリックすると,「東日本自動車レース」と入力されたテキストボックスが,スライド上にバウンドしながら登場するようにアニメーションを設定してみよう。

・①の操作 オンライン画像(車)の挿入
①[挿入]タブ→[画像]グループ→[オンライン画像]をクリックし,[画像の挿入]ダイアログボックス上で,[Bing イメージ検索]ボックスに「自動車」と入力する。次に[検索]ボタンをクリックする。
②検索されたリストの中から,図 3.7.3 のような車のイラストをダブルクリックする。[挿入]ボタンをクリックしてもよい。
③同様に,もう一度操作を繰り返し,2 台目の車を挿入する。

・2 台の車の向きを反転させるには
挿入された 2 台の車を選択し,[図ツール]→[書式]タブ→[配置]グループの[回転]で[左右反転]を選択する。

・アニメーションの効果メニュー
アニメーションの効果メニューには,[開始],[強調],[終了]を設定するツールに加え,[アニメーションの軌跡]によって,自由な軌跡の描画を行うツールが用意されている。

・アニメーションウィンドウの表示
アニメーションウィンドウは,[アニメーション]タブ→[アニメーションの詳細設定]グループ→[アニメーションウィンドウ]ボタンをクリックすると表示される。

・アニメーション開始の順序
テキストボックス左端の「1」という数字は,アニメーションの実行順序を示している。アニメーションの実行順序は,アニメーションウィンドウにも表示されており,アニメーションの挿入順序に従って,上から表示される。

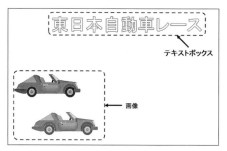

図 3.7.2 テキストボックスと画像の挿入

＜操作方法＞

① スライドに,図 3.7.2 のようなテキストボックスと,画像を挿入しよう。

② テキストボックスに「東日本自動車」レースと入力し,テキストボックスをクリックする。

③ [アニメーション]タブ→[アニメーション]グループ→[アニメーション]ボタンの▼をクリックすると,アニメーション効果メニューが表示される(図 3.7.3)。

④ このメニューの[開始]グループの中から[バウンド]を選択する。

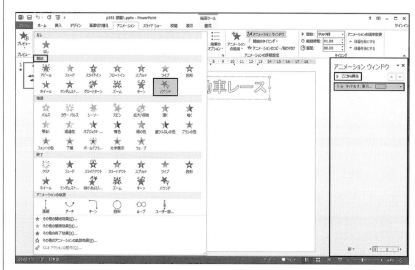

図 3.7.3 アニメーションの効果メニューとアニメーションウィンドウ

⑤ アニメーションウィンドウを表示し(注を参照のこと),アニメーションウィンドウの[ここから再生](又は[すべて再生])ボタンをクリックして,「東日本自動車レース」というタイトルがバウンドしながら表示されることを確認する。

⑥ アニメーションウィンドウには,「1★…」という項目が表示されている。この項目の右端の▼をクリックすると,アニメーションの実行に関する詳細設定を行うことができる(図 3.7.4)。ここではアニメーション開始のタイミングを[クリック時]に設定しよう。

3.7 効果的なプレゼンテーション（アニメーション効果と画面切り替え） | 183

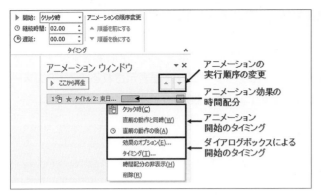

図3.7.4 アニメーションの詳細設定

・アニメーションの実行順序の変更
アニメーションの実行順序は、アニメーションウィンドウの中の変更するアニメーションをクリックした後、アニメーションウィンドウ上部の▲や▼をクリックすることで変更できる。

⑦ 図3.7.4に示すプルダウンメニューの[効果のオプション]や[タイミング]を選択すると、図3.7.5のような設定ダイアログボックスが表示される。

・アニメーションの[速さ]や[遅れ]の設定
アニメーションの[速さ]や[遅れ]の設定は、図3.7.4のように、黄緑色などの色のついたアニメーション効果の時間配分の表示の左右をマウスで調整して行う。この場合、先にプルダウンメニューの時間配分を表示状態にしておく必要がある。

図3.7.5 ダイアログボックスによるアニメーション効果の詳細設定

[効果のオプション(E)]の[バウンド]ダイアログボックスで、[効果]タブでは[サウンド(S)]で任意のサウンドを（図3.7.5左図）、[タイミング]タブでは遅延時間や継続時間を、任意に数値を入力して設定する（図3.7.5右図）。

課題2

課題1に続き、2台の車のオブジェクトに、「ホイール」効果と「軌跡を描く」アニメーション効果を設定しよう。

・課題2の操作方法①
複数のオブジェクトの選択
複数のオブジェクトの選択は、[Ctrl]キーを押しながら、該当するオブジェクトを一つ一つクリックすることで選択が可能となる。

・2台目の車の色を変えると動きの違いがよくわかる。
2台目の車は識別のためにオブジェクトの色を変更する。[図ツール]→[書式]タブ→[調整]グループ→[色の変更]ボタンで色の変更を行う。

・オブジェクトの色を変更するには
挿入した車の色を変えるには、オブジェクトを右クリック→[図の書式設定]を選択。
[図の書式設定]作業ウィンドウの[図]→[図の色]→[色の変更]の▼をクリックすると、利用できる色のメニューが表示される。

<操作方法>
Step 1　「ホイール」アニメーション効果の設定
① まず、2台の車のオブジェクトを選択し、[アニメーション]タブ→[アニメーション]グループ→[アニメーション]ボタンの▼をクリックし、[開始]の[ホイール]を選択する。するとアニメーションウインドウには、順位「2」のアニメーションの設定が2つ表示される。

Step 2 「軌跡を描く」アニメーション効果の設定

・アニメーションの軌跡
[アニメーションの軌跡]は，表示されたメニュー右のスクロールバーを↓方向に移動すると表示される。

② 次に，2台の車のオブジェクトを選択し，「アニメーションの詳細設定」グループ→「アニメーションの追加」ボタンの右下の▼をクリック。すると図3.7.6のようなプルダウンメニューが表示されるので[アニメーションの軌跡]グループの[ユーザー設定]を選択する。

図3.7.6　アニメーションの追加とユーザー設定

③ 曲線を描くための十字カーソルが表示されるので，十字カーソルで自由な軌跡を描く。終了地点で，ダブルクリックすると軌跡の描画が終了する。このとき，アニメーションウィンドウには，追加された軌跡のアニメーションが順位「3」として表示される(図3.7.7)。

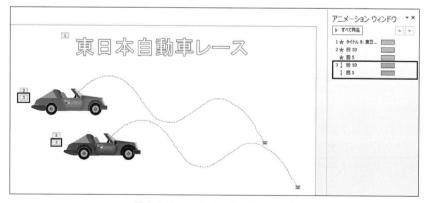

図3.7.7　アニメーションの軌跡

Step 3 さてここで，下の車のアニメーションの実行開始を上の車より少し遅らせてみよう

④ この時点で，効果の開始順位「2」の「ホイール」アニメーションは，開始のタイミングが[クリック時]となっていることを，アニメーション

ウィンドウで確認しておこう(左の注を参照のこと)。

⑤ 次に,順位「3」のアニメーションの開始のタイミングを[直前の動作の後]に設定する(図3.7.8)。

図3.7.8

⑥ さらに,アニメーションウィンドウの順位「3」の下の自動車(図5)のアニメーションの時間配分を図3.7.9のようにマウスで右にドラッグして遅延設定を行い,下の自動車のアニメーション開始をより遅くする。

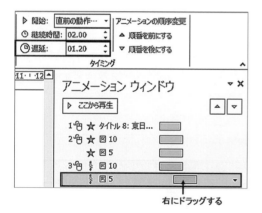

図3.7.9 アニメーションの速度と遅延の調整

⑦ アニメーションウィンドウの[すべて再生]ボタンをクリックして,設定したアニメーションを確認しよう。

⑧ 最後に[スライドショー]を実行させ,アニメーションを確認しよう。

■ 練習 ■

1. 課題2で設定した,下の車の遅延設定を図3.7.10のような[ユーザー設定パス]ダイアログボックスを用いて,遅延1秒,継続時間5秒としてみよう。

・タイミング
タイミングはリボンの[タイミング]グループでも,タイミングの設定ができる。

・④[タイミング]ダイアログボックス]の開き方
アニメーションウィンドウに設定されたオブジェクトのアニメーションをクリック→右端の▼をクリックすると,プルダウンメニューが表示される。→プルダウンメニューの[タイミング]を選択すると図3.7.8のようなダイアログボックスが表示される。ここで,開始タイミングを確認できる。

・遅延の設定
遅延の設定は,図3.7.9のように黄緑色や水色などの時間配分ボックスをずらして設定してもよいが,アニメーションウィンドウの順位「3」の右の▼をクリックして,表示されたプルダウンメニューからタイミングを選び,遅延設定をしてもよい。または,[アニメーション]タブ→[タイミング]グループ→[遅延]でも設定できる。

・練習1のヒント
遅延と継続時間の設定
アニメーションウィンドウの下の車のアニメーション項目(図3.7.8)の右端の▼をクリック。表示されたプルダウンメニューから[タイミング]をクリックすると,[ユーザー設定パス]ダイアログボックスが表示される。

図 3.7.10　ユーザー設定ダイアログボックス

2．オンライン画像から飛行機の画像をダウンロードし，飛行機が飛んでいるようなアニメーションを設定してみよう。

3.7.2　画面切り替えの設定と利用

PowerPointではプレゼンテーションを効果的に行うために，「画面切り替え」効果の設定を行うことができる。「画面切り替え」効果とは，プレゼンテーション実行時のスライドが切り替わるときに，さまざまな動きを付けるものである。画面切り替えは，[画面切り替え]タブの，「画面切り替え」グループの中にさまざまなメニューボタンが用意されている（図3.7.11）。

・**画面切り替え**
・効果的なプレゼンテーションを行うためには，文字の大きさやスライド内の情報量，要点の簡潔化に加えて，発表のタイミングや表示など効果的な論旨の表現が必要である。

・**画面の自動切り替えメニュー**
画面切り替えメニューは大別して，[シンプル]，[はなやか]，[ダイナミックコンテンツ]に分類されており，プレゼンテーションの用途によって使い分けることができる。

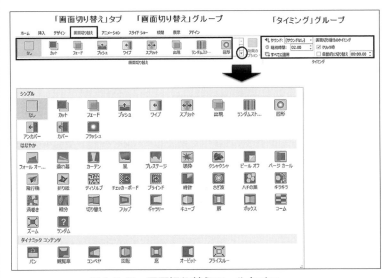

図 3.7.11　画面切り替えツールとメニュー

課題3

いくつかのスライドに，[画面切り替え]効果を設定してみよう。

<操作方法>

① スライドを表示させ，[画面切り替え]グループの右の▼をクリックすると，図3.7.11のような[切り替え画面]メニューが表示される。
② メニューから，ここでは[ワイプ]をクリック。
③ さらに，[画面切り替え]グループ右端の[効果のオプション]をクリックし，[左から]を選択する。
④ [タイミング]グループ→[サウンド]→[チャイム]をクリック（図3.7.12）。

・**効果のオプション**
[画面切り替え]グループの右端には，[効果のオプション]ボタンが用意されている。
[効果のオプション]ボタンを押すと，画面切り替え時のスライドの挿入方向が指定できる。

図3.7.12 [タイミング]グループの[サウンド]メニュー

⑤ [画面切り替え時のタイミング]で，[クリック時]にチェックマークを入れる。
⑥ [タイミング]グループの[継続時間]で[継続時間]を3秒に設定し，さらに[すべてに適用]をクリックし，すべてのスライドに適用する。
⑦ リボン左端の[プレビュー]ボタンを押して，画面切り替えの設定を確認しよう。
⑧ 編集画面右下の[スライドショー]をクリックして，プレゼンモードでも画面切り替えの設定を確認しよう。

・⑧[スライドショー]タブ→[スライドショーの開始]グループ→[最初から]ボタンをクリック。
[現在のスライドから]ボタンをクリックしてもよい。

■ **練習** ■

1. 任意の画面切り替え効果を設定し，全てのページに適用せよ
2. 任意の画面切り替え効果を設定し，5秒で自動的にスライド画面が次のスライドに切り替わるように設定しよう。

・**練習2のヒント**
[画面切り替え]タブ→[タイミング]グループ→[自動的に切り替え]で調整する。

3.8 スライドの編集とプレゼンテーションの実行

ここでは，作成したPowerPointファイルの中の一部のスライドを，他のPowerPointファイルへコピーしたり，スライドの順序を入れ替えて編集する方法などを学ぶ。スライドの編集を終えたら，いよいよ，プレゼンテーションを実行しよう。

3.8.1 スライドの表示

[表示]タブにはPowerPointの表示状態を選択する[プレゼンテーションの表示]グループがある。[プレゼンテーションの表示]グループには，標準，アウトライン表示，スライド一覧，ノート，閲覧表示の5つの表示モードが用意されている。

・標準表示
標準表示では，編集画面の左側にスライドタブ／アウトラインタブが表示され，スライド全体の編集を支援している。

・ノートの活用
PowerPointは文書を簡潔にまとめ，要点を表示するなどの目的に利用される。このため，説明が行いづらいポイントや，覚えづらいポイントなどをノートに記載し，プレゼンテーションの前などに復唱するときなどに活用すると便利である。

・アウトライン表示
[アウトライン表示]はスライド全体の構成やストーリーを推敲するときに利用する。

図3.8.1　スライドの表示モード

(1) [プレゼンテーション表示]グループによるスライド表示(図3.8.1)

1．[プレゼンテーションの表示]グループの[標準]ボタンをクリックすると，標準表示モードに切り替わる。通常，スライドの編集はこのモードを中心に行う。
2．[アウトライン表示]ボタンをクリックすると，画面左側の[アウトライン]領域に，各スライドアイコンと，各スライドに入力された文字情報のみが表示される。また，この[アイコン表示]領域内で文字を入力すると，対応するスライドに文字が入力され，反映される。
3．[スライド一覧]ボタンでは，画面全体にスライドの一覧が表示される。全体の構成を見たい時には，このモードが便利である。
4．[ノート]ボタンでは，発表者が発表するときのメモとなる補足情報を入力する画面が表示される。
5．[閲覧表示]をクリックすると，最初のスライドから，プレゼンテーションが実行される。

一方，PowerPoint編集画面右下にも図3.8.2のような[スライドの表

示モード]が用意されている。

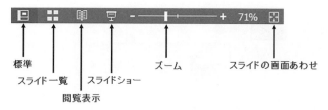

図 3.8.2 スライドの表示モード

■ 練習 ■

1．作成した PowerPoint ファイルの表示モードをいろいろと変えて，見てみよう。
2．表示モードを[標準]とし，ズームスライダの拡大率をいろいろと変えてみよう。
3．最後に[スライドの画面合わせ]をクリックし，元の拡大率に戻そう。

（2） スライドの編集

別の PowerPoint ファイルに，利用したいスライドがあるとき，複数の PowerPoint ファイルを同時に表示して，スライドのコピーや移動操作が行えると便利である。少々，高度なテクニックになるが，ここでは，2つのファイルを同時に表示させ編集してみよう。この編集には[スライド一覧]表示を利用する。

課題 4

異なる2つのファイルを同時に表示させ，スライドを，コピーして他の PowerPoint ファイルに貼り付けてみよう。

＜操作方法＞
① 編集対象となる2つの PowerPoint ファイルを起動する。
② [表示]タブ→[ウィンドウ]グループ→[並べて表示]ボタンをクリック。
③ それぞれのウィンドウをクリックし，スライドの右下にある[スライド一覧]をクリックする。すると，図 3.8.3 のような画面になる。

・図 3.8.2
スライドの表示モード
①[**標準**]ボタンをクリックすると，標準表示モードに切り替わる。

②[**スライド一覧**]をクリックすると，画面全体にスライドの一覧が表示される。

③[**閲覧表示**]をクリックすると，PowerPoint の基本的なウィンドウ操作機能を表示したままで，プレゼンテーションのプレビューが表示される。

④[**スライドショー**]をクリックすると，プレゼンテーションを行うフル画面の表示が可能となる。[スライドショー]におけるスライドの切り替えは，[マウスクリック]と時間設定による[自動切り替え]モードがある。

⑤[**ズーム**]をクリックすると，通常の表示画面におけるスライドのズームスライダによる拡大／縮小表示が可能となる。左横には，ズームの拡大率（パーセント）が表示される。

⑥[**スライドの画面合わせ**]をクリックすると，現在表示中の画面をウィンドウサイズに合わせて最適表示する。

・コピー先のスライドのデザイン
2つのファイルの背景のデザインは，必ずしも同じであるとは限らない。
このような場合は，基本的にコピー先のデザインが適用される。

図 3.8.3　スライドの編集

④ たとえば，左側のウィンドウのコピーしたいスライドの上で右クリックをして[コピー]を選択し，右側のウィンドウの貼り付けたいスライドの位置で，同様に右クリックで[貼り付け]を選択する。すると，求めるスライドが，コピーされる。

3.8.2　プレゼンテーションの実行

いよいよ，作成した PowerPoint ファイルを基にプレゼンテーションを実行しよう。プレゼンテーションを実行することをスライドショーという。スライドショーを開始するためのツールは，[リボン]の[スライドショー]タブに用意されている(図 3.8.4)。

図 3.8.4　スライドショーのツール

・[スライドショー]タブ
[スライドショー]は，[スライドショーの開始]グループ，[設定]グループ，[モニター]グループに分けられている。

・③で，スライドを切り替えながら，画面切り替え機能やアニメーション効果が正しく設定されているかを確認する。

・オンラインプレゼンテーション
[オンラインプレゼンテーション]は OneDrive と呼ばれるクラウドに保存されたスライドを共有できる機能で，いつでも，だれとでも簡単にプレゼンテーションが共有できる機能である。発表者はリンクを送信するだけよく，招待を受け取った相手は，web ブラウザのリンクをクリックするだけで，発表者のスライドショーを閲覧できる。PowerPoint 2013 が，利用するパソコンに搭載されていなくても閲覧できる。
特にプロジェクタがない場合でも，スマホなどでスライドを映してプレゼンの共有ができる。

課題 5

作成したスライドを表示し，プレゼンテーションを実行しよう。

＜操作方法＞
① 完成した PowerPoint のスライドを起動する。
② [スライドショー]タブをクリック→[スライドショーの開始]グループ→[最初から]ボタンをクリック
③ クリックして，スライドを切り替える。
④ 画面上を右クリックし，[スライドショーの終了]を選択しスライドショーを終了する。

3.8 スライドの編集とプレゼンテーションの実行 | 191

■[スライドショーの開始]グループの主な機能(図3.8.4)
1．[最初から]ボタン
1枚目のスライドから,スライドショーを開始する。
2．[現在のスライドから]ボタン
現在開いているスライドから,スライドショーを開始する。
3．[オンラインプレゼンテーション]ボタン
PowerPoint未搭載の利用者でも,遠隔からWebブラウザを用いてスライドショーが閲覧できる。
4．[目的別スライドショー]ボタン
現在のPowerPointのファイルをベースに,目的に応じてスライドショーのファイル編集ができる(図3.8.5)。

図3.8.5　目的別スライドショー

(1) ポインタオプションの利用

スライドショーの実行中の画面には,マークを入れたり書き込んだりすることができる。この機能は[ポインタオプション]に用意されている。大変よく利用される機能である。

課題6

作成したスライドを表示し,プレゼンテーションを実行してみよう。また,実行中の画面に赤い蛍光ペンでマークを付けてみよう。

＜操作方法＞
① 作成したPowerPointのスライドを表示する。
② 編集画面の[スライドショー]タブ→[最初から]ボタンをクリック。
③ スライドショーの実行画面で右クリックする。すると,図3.8.6の左側のメニューが表示される。

・**Windows Live IDの取得**
以下のURLにWindows Live IDの登録ページが用意されている。
https://signup.live.com/?lic=1

オンラインプレゼンテーションは,発表者とのオンラインリンクとなるため,発表者がブロードキャストの開始状態でないと,リンクは成立しない。

・**目的別スライドショーの作成**
[目的別スライドショー]ボタンをクリック→[目的別スライドショー]ダイアログボックスが表示される。
→[新規作成]ボタンを押すと,[目的別スライドショーの定義]ダイアログボックスが表示される。
利用したいスライドをクリックし,[追加]ボタンをクリックすると,選択したスライドが挿入される。最後に[スライドショーの名前]にスライド名称を記入し[OK]ボタンをクリックする。
利用時は,[目的別スライドショー]ボタンをクリックすれば登録したスライドショーの名称が表示されるので,クリックすればスライドショーへと移行する。

・**スライドの切り替え**
スライドの切り替え設定は[スライドショー]タブ→[設定]グループ→[スライドショーの設定]ボタンをクリック。表示された[スライドショーの設定]ダイアログボックスにて行う。

・**インク注釈の保持**
スライドショーの終了時に，ダイアログボックスが表示され「インク注釈を保持しますか？」と聞いてくるので，[保持]もしくは[廃棄]を選択する。

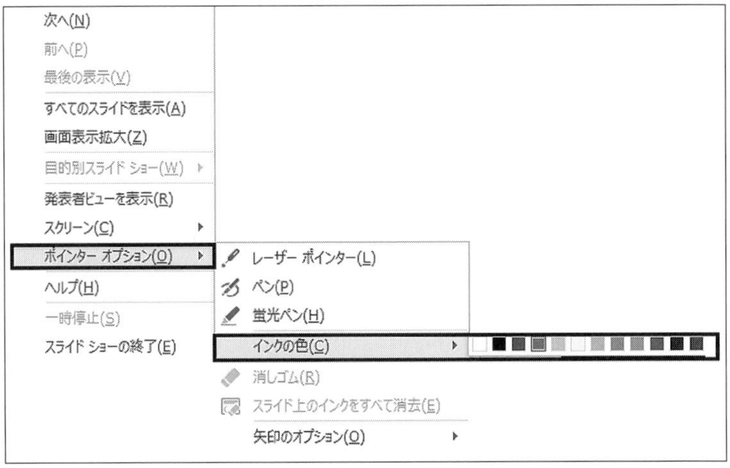

図 3.8.6　スライドショーのポインタオプション

④ 表示されたメニューの[ポインタオプション(O)]をクリック。すると，図 3.8.6 の中央のメニューが表示される。
⑤ マーカーの色は，[インクの色(C)]をクリックし，「緑」を選択する。
⑥ マーカーの種類は，ここでは[蛍光ペン(H)]を選択する。
⑦ 実行画面上で，マウスをドラッグして，マークを記入する。

・**利用するカーソルの種類**
[矢印]は，通常のマウスカーソル，[ペン(P)]は画面に直接描画するペン，[蛍光ペン(H)]は，マーカーとして利用する。

ポインタオプションの設定は，スライドショーの実行中に行う。利用するカーソルの種類はレーザーポインタ(L)・ペン(P)・蛍光ペン(H)の3種類である。

・**描いたマークを消すには**
描いたマークを消すには，[ポインタオプション(Q)]をクリック→表示されたメニューから[消しゴム]をクリック→消したいマークをクリック。

(2) プレゼンテーション実行中のスライドの選択

発表の際に質問等を受け，前のスライドに戻したい，あるいはスライドをスキップさせたいという場合がある。そのような場合は，[スライドのジャンプ(G)]機能を使えば，目的のスライドにジャンプすることができる(図 3.8.7)。

・**画面上のすべてのマークを消すには**
画面上のすべてのマークを消したい場合には，[スライド上のインクをすべて消去(E)]をクリックする。

課題 7

作成したスライドを表示し，プレゼンテーションを実行してみよう。また，目的のスライドにスキップしてみよう。

＜操作方法＞
① 作成した PowerPoint のスライドを表示する。
② [スライドショー]タブ→[現在のスライドから]ボタンをクリックする。
③ スライドショーの実行画面上で右クリックすると，図 3.8.7 のようなメニューが表示される。

④ 表示されたメニューの[すべてのスライドを表示(A)]をクリック。
⑤ すべてのスライド番号が表示されるので,該当するスライドを選択すれば,目的のスライドへジャンプする。

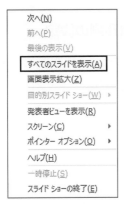

図 3.8.7　スライドのジャンプ

■[スライドショー]ツールバーの機能

　スライドショーの実行中に,マウスカーソルを左下に移動すると,[スライドショー]ツールバーが表示される(図3.8.8)。

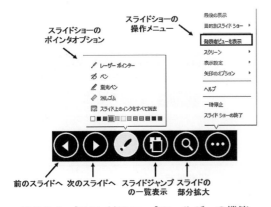

図 3.8.8　[スライドショー]ツールバーの機能

　左から[前のスライドへ戻る],[次のスライドへ進む],[ポインタオプションの設定],[スライド一覧とジャンプ],[スライドの部分拡大],[スライド操作メニュー]などが用意されている。
　各々のボタンをクリックして,どのように実行されるか試してみよう。

3.9 プレゼンテーション資料の作成

3.9.1 スライドの印刷と発表資料印刷の設定

プレゼンテーション実行時には,資料を配布しよう。ここでは,資料を作成する際に共通となる基本的な印刷方法について学ぶ。

(1) スライドの印刷

■印刷設定メニュー

[ファイル]タブ→[印刷]ボタンをクリックすると,図3.9.1のようなメニューが表示される。

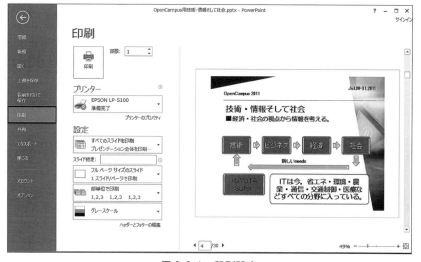

図3.9.1 印刷設定

印刷設定画面(図3.9.1)の左側のメニューで印刷の設定を行い,右側の図で印刷プレビュー画面を確認することができる。

課題1

作成したPowerPoint資料のスライドの5ページから7ページまでを1部印刷してみよう。

＜操作方法＞
① [ファイル]タブ→[印刷]をクリック。
② 表示された印刷設定画面(図3.9.1)で,印刷の[部数]を1と入力。
③ [プリンター]では,ボタンの右の▼をクリックし,表示されたプルダウ

・プリンタプロパティ
市販されているプリンタは多種多様である。
白黒やカラー,Ａ３などの大きなサイズ,両面印刷機能を備えたものもある。
またレーザープリンタかインクジェットプリンタかによって消耗品の状態を通知する機能も異なる。
プリンタプロパティでは,プリンタメーカー各社がそれぞれの機種に対応した詳細設定メニューを用意している。

・ユーザー設定の範囲
たとえば,1ページ目,3ページ目,7〜12ページといった,ユーザー固有の印刷範囲が設定できる。

・印刷ボタンと印刷部数
印刷ボタンをクリックすると,設定した状態でプリンタへの印刷指示となる。
印刷部数は,プリントする部数を設定する。

・プリンタ選択
[プリンタの選択]の右の▼をクリックし,表示されたプリンター覧からプリンタを選択する。

・印刷範囲
印刷範囲は,全スライドの中のどのスライドを印刷するのかを指定する。指定は[すべてのスライドを印刷],[選択したスライドを印刷],[現在のスライドを印刷],[ユーザー設定の範囲]が選択できる。

・1ページ当たりのスライド枚数
[印刷レイアウト]では,スライドのみか,ノートも同時に印刷するか,あるいはアウトラインを印刷するかを指定できる。
[配布資料]では,用紙1枚につき,1,2,3,4,6,9ページの印刷指定ができる。またその際の印刷の向きも縦か横かが選択できる。

ンメニューから,接続されているプリンターを選択する。
④ [設定]→[すべてのスライドを印刷]ボタンの右の▼をクリック。表示されたプルダウンメニューから[ユーザー設定の範囲]をクリック。[スライド指定:]で「5-7」と入力する。
⑤ [フルページサイズのスライド],[部単位で印刷]になっていることを確認して,[印刷]をクリック。

(2) 発表時の配布資料の印刷

ここでは,発表する時に配布する資料を作成しよう。(1)と同様にして,印刷設定の画面の,[フルページサイズのスライド]で設定することができる(図3.9.2)。

・**片面/両面印刷**
両面印刷の機能を有するプリンタのみの指定である。両面印刷時には,とじしろの方向を指定する,長手印刷か,短手印刷かの指定ができる。
又は,[プリンタのプロパティ]をクリックし,ドキュメントのプロパティで[レイアウト]タブをクリックし,両面印刷にチェックマークを入れても良い。

・**印刷の順序**
複数部数の印刷時に,部単位で印刷するか,ページごとに複数枚を印刷するかを指定する。

・**色**
カラーの印刷機能を有する場合,カラー,グレースケール,白黒の印刷が選択できる。

・**グレースケールと白黒印刷**
カラー機能がなくとも,グレースケールは,写真印刷などで鮮明な画像が得られるが,スライドの背景に写真などを用いると,文字自体が見えづらくなってしまう。このような場合は,白黒の印刷を指定する。

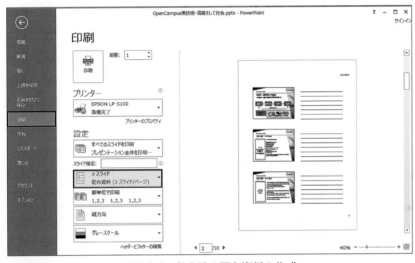

図3.9.2 発表時の配布資料の作成

課題2

作成したPowerPoint資料の発表時の配布資料を印刷しよう。

<操作方法>
① [ファイル]タブ→[印刷]をクリック。
② [フルページサイズのスライド]をクリック。表示されたメニューから,[配布資料]グループの[3スライド]をクリックする(図3.9.2)。
③ [部単位で印刷]になっていることを確認して,[印刷]をクリック。

(3) 発表者用のメモ書きの印刷

印刷設定画面の[フルページサイズのスライド]→[印刷レイアウト]で,

・**[3スライド]のイメージ**
[3スライド]を選ぶと,資料の1ページに3つのスライドが印刷される。図3.9.2のようにメモを取るスペースも用意されている。

[ノート]を選択すると,発表者用のメモ書きを記したノート資料を印刷することができる(図3.9.3)。

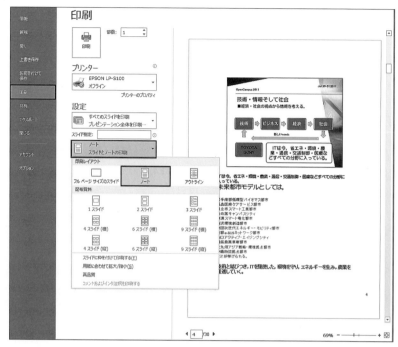

図3.9.3

> **課題3**
>
> 課題2に続き,今度は発表者が発表をする時のメモになるノート資料を印刷しよう。

<操作方法>
① [ファイル]タブ→[印刷]をクリック。
② [フルページサイズのスライド]をクリック。表示されたメニューから,[印刷レイアウト]グループの[ノート]をクリックする(図3.9.3)。
③ [部単位で印刷]になっていることを確認して,[印刷]をクリック。すると,図3.9.3右の印刷イメージのようなページが印刷される。

3.9.2 ヘッダーとフッターの挿入

資料には,スライドに日付やスライド番号が印刷されていると,非常に便利である。印刷設定画面の下にある[ヘッダーとフッターの編集]をクリックすると,[ヘッダーとフッター]ダイアログボックス(図3.9.4)が表示される。このダイアログボックスで,[日付と時刻],[スライド番号],[フッター]にチェックマークを入れると,スライドや配布資料に,それらの情報を挿入することができる。

・ヘッダーとフッターの挿入
ヘッダーとフッターの挿入の設定は,[挿入]タブ→[テキスト]グループ→[ヘッダーとフッター]としても設定できる。

・通常,ヘッダーにはタイトルや日付,フッターにはスライド番号や日付を記入する。

図 3.9.4　ヘッダーとフッター

・ヘッダーとフッターの位置の確認
[ヘッダーとフッター]ダイアログボックスの[プレビュー]で表示位置を確認しながら各部分のチェックを入れると,挿入される情報の位置が確認できる。
　フッターは中央,日付け・時刻は左下,スライド番号は右下に挿入される。

・日付の自動更新
日付の自動更新では,印刷のたびに日付・時刻が更新される。

・フッターの位置
スライドのみの場合,フッターの指定のみとなる。ヘッダーは[ヘッダーとフッター]ダイアログボックスの,[ノートと配布資料]タブの時に有効となる。フッターの位置は[スライド]タブの時は,適用したデザインにより位置が異なり,図3.9.4のように,スライド上部に表示されることもある。

■ 練習 ■

1．作成したPowerPointファイルを用紙1枚につきスライド3枚の設定を行い,フッターにスライド名を入れて[印刷プレビュー]で確認しよう。

2．作成したPowerPointファイルを用紙1枚につきスライド6枚の設定を行い,ヘッダーに資料(テーマ)の名前,フッターにスライド番号を入れて配布資料を作成してみよう。

3.9.3　ページ設定

[デザイン]タブ→[ユーザー設定]グループ→[スライドのサイズ]ボタンの▼をクリック。→表示されたプルダウンメニューから[ユーザー設定のスライドのサイズ]を選択することにより,[スライドのサイズ設定]ダイアログボックス(図3.9.5)が表示され,スライドのサイズや印刷の向きを選択できる。

・[スライドのサイズ指定(S)]の▼をクリックすると,印刷する書式のサイズを指定できる。書式サイズは,はがきの設定ができるため,暑中見舞いや年賀状や写真L版印刷の作成も簡単にできる。
印刷の向きも[縦][横]の選択ができる。

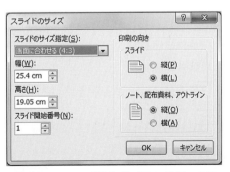

図 3.9.5　ページ設定ダイアログボックス

■ 練習 ■

[ページ設定]で,はがきサイズの書式を設定してみよう。

総合練習問題

1 ワードアート機能と表機能を用いて，下図と同様の表を作成せよ。ワードアートや表のデザインと効果は自由。セルの中の文字の配置は，縦横共に中央寄せとする（大学名以外）。

西東京地区　大学対抗人力飛行機大会					
	第1回	第2回	第3回	総合得点	順位
高尾大学	80m	80m	90m	250m	3
八王子大学	70m	65m	75m	210m	5
立川大学	100m	90m	80m	270m	2
国分寺大学	70m	30m	70m	170m	6
武蔵境大学	80m	60m	80m	220m	4
荻窪大学	100m	120m	110m	330m	1

2 1で作成したワードアートと表をコピーせよ。次に罫線を用いて，下図のように変更せよ。ワードアートは自由，表のスタイルは［淡色スタイル3　－アクセント3］とせよ。

西東京地区　大学対抗人力飛行機大会				
	第1回	第2回	第3回	順位
高尾大学	80m	80m	90m	3
	250m			
八王子大学	70m	65m	75m	5
	210m			
立川大学	100m	90m	80m	2
	270m			
国分寺大学	70m	30m	70m	6
	170m			
武蔵境大学	80m	60m	80m	4
	220m			
荻窪大学	100m	120m	110m	1
	330m			

3 グラフ機能を用いて，下のデータ（ある年の株価）を入力しグラフを作成せよ。
　　グラフは，［集合縦棒］とし，グラフのスタイルは［スタイル14］を適用せよ。

	A	B	C	D	E
1		3月	4月	5月	6月
2	日本フイルム	1000	950	1400	1290
3	京都自動車	1950	1850	2600	3200
4	ワールド電器	2000	1980	2500	3300
5	神奈川電鉄	800	900	1200	1350
6	小田原化学	2200	2150	2300	2500

データ（ある年の株価）

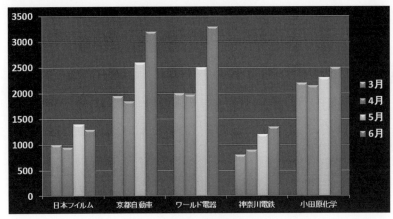

グラフ完成図

4 3で作成したグラフを，下図のような横棒グラフに変更せよ。目盛の間隔は 1000 とせよ。グラフは [総合横棒] とせよ。

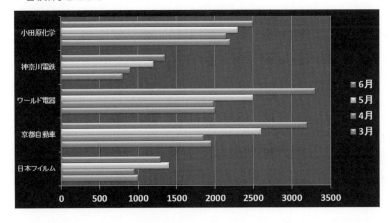

5 図形デザインツールを用いて，下図と同様の木や山をスライド上に描け。山の色は [グラデーション] をかけ，リンゴは「リンゴ」をキーワードとして検索し，好みのリンゴを選択せよ。山や木の配置は [オブジェクトの順序] を利用して設定せよ。

6 スライド上に,オンライン画像から好みの自動車を2台コピーし,速度の異なるアニメーションを設定せよ。

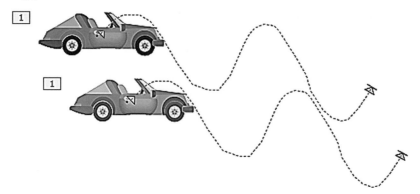

7 【PowerPoint 課題1】
　　下記の(1)～(7)の条件に従って,「FIFA 女子ワールドカップ　ドイツ 2011」というプレゼン資料をPowerPoint2013 で作成せよ。
(1)　1枚目のスライドのタイトルに「FIFA 女子ワールドカップ　ドイツ 2011」,サブタイトルに「本日の日時,学生番号,氏名」を記載し,タイトルにふさわしい画像を挿入せよ。
(2)　2枚目のスライドに以下の内容を記述する。内容の各項目には,行頭文字(●)を挿入する。
　　　　タイトル：FIFA 女子ワールドカップ　とは
　　　　内容：　●4年に1度開催されるサッカー世界一をかけて戦う大会
　　　　　　　　●前回は第6回目の開催で,なでしこジャパンが,強豪アメリカ,ドイツを破り見事栄冠に輝いた
　　　　　　　　●各国の選手達が自らのプライドをかけ戦う
　　　　　　　　●第1回大会は1991 年に開催された中国だった
　　　　　　　　●次回は,カナダで開催される
(3)　2枚目のスライドに,自ら選らんだ画像(自由)を1つ以上挿入する。
(4)　3枚目のスライドに以下の内容で「円グラフ」を作成する。デザインや形式は自由とする。
　　　　タイトル：優勝国予想アンケート結果
　　　　内容：　・アメリカ　5　　・ドイツ　5　　・ノルウェイ　2
　　　　　　　　・ブラジル　3　　・日本　5　　・その他　3
(5)　4枚目のスライドに以下の内容を記述する。
　　　　タイトル：～なでしこジャパンの優勝の要因とは～
　　　　内容：　・身長差を跳ね返す,チームプレイとパスワーク
　　　　　　　　・常に相手への敬意を忘れないフェアプレイの精神
　　　　　　　　・劣勢でも最後まで挫けない不屈の精神
　　　　　　　　・ひたむきなサッカーへの情熱
　　　　　　　　・チームを誇りに思う,温かいサポーターの声援
(6)　4枚目のスライドに,画像(自由)を2つ以上挿入し,アニメーションを2か所以上設定せよ。
(7)　フッターに「FIFA 女子ワールドカップ」と記載し,スライド番号を挿入する(全スライドに表示すること)。

8 【PowerPoint 課題2】

下に示す2つのテーマから一つを選び,プレゼンテーションのためのスライドを作成せよ。但し,スライドの作成においては,以下の条件を満たすことが必要。

■テーマ1(仕事・職業・業界)

あなたが今,関心を持っている仕事・職業や業界についてプレゼンをしてください.
たとえば,公務員,農業,IT業界,営業関連,アパレル業界についてなど

■テーマ2(観光地)

下記の場所から,一つを選び,その都市に訪問したくなるような,「お勧めする理由」をプレゼンしてください。行かない方が良いと思わせるプレゼンは困ります。
場所:ミラノ,ピサ,シエナ,アッシジ,ナポリ,セコビア,バレンシア,バルセロナ,ミハス,ジブラルタル(勝手に他の地域を選択してはいけません)

スライド作成に当たっての条件

(1) スライド枚数が2枚以上,3枚以下であること
(2) 文字があり,文字の色は2色以上を使用していること
(3) SmartArtが1つ以上あること
(4) 写真の貼り付けが1つ以上あること
(5) 図形の貼り付けが1つ以上あること
(6) オンライン画像からダウンロードした画像の貼り付けが1つ以上あること
(7) ヘッダー部に,自分の学生証番号と名前があること
(8) フッダー部に,スライド番号が挿入されていること
(9) アニメーションを1つ設定すること
(10) アニメーションは「クリック時」に動作させること
(11) 公序良俗に反しないこと,誹謗中傷はなし(減点対象)

索　引

A
Ameba　26
Android　39
ATOK　42

B
BCC　23
Bing イメージ検索　29, 93
bmp　48

C
CC　23
CC ライセンス　29, 30
CUI　40
©マーク　31

D
DRM　28
docx　48
Drop Box　9

E
EICAR　19
Excel 文書形式　48

F
Facebook　22
Firefox　41

G
GIF 形式　48
Google　26
Google Chrome　41
GoogleDocs　42
GUI　40

I
ID　33
IME　42
IME パッドの起動　51
Internet Explorer　41

iOS　39
IP アドレス　25

J
JPEG 形式　48
JustSuite　42

L
Lacha　49
LhaPlus　49
Lhasa32　49
Linux　39

M
Mac　39
Microsoft-Office　42
mixi　26

N
NDL-OPAC　6

O
Office.com　145, 147
One Drive　9, 190
OPAC　5
OpenOffice　42
Opera　41
OS　38

P
PDF 形式　48
PNG 形式　48
PowerPoint 文書形式　48
pptx　48
Print Screen　92
PrtSc　92

R
rtf　48

S
Safari　41

SmartArt　158, 163, 164
SmartArt の利用と操作　97
SNS　26
SSL 通信　31

T
TAB キー　154, 155
TO　23
Twitter　22
txt　48

U
UPDATE　20

W
Wikipedia　8
Windows　39
Windows Live ID　191
Windows ビデオファイル　171
Windows メディアファイル　171
Word 文書形式　48

X
xlsx　48

Y
You Tube の挿入　171

あ
アート効果　102
アウトライン　10
アウトライン機能　10, 150, 156
アウトライン表示　156
アカウント　33
アクセスログ　25
圧縮　49
圧縮ソフト　49
アニメーション　143, 181, 182, 184, 185
　アニメーション効果の設定　183, 184
　アニメーションの効果メニュー　182
　アニメーションの軌跡　184
　アニメーションの実行順序の変更　183
アブストラクト　127
アプリ　38
アプリケーション　38
アプリケーションソフト　38
網掛け　73
アンカー　90
アンインストール　37
暗号化　31

い
1 行目のインデント　75
一次資料　4
位置情報　27
一度にスタイル変更　120
イメージ検索　36
インクの色　192
印刷　66
　印刷イメージの確認　66
　印刷の順序　195
　印刷範囲　66
　印刷部数　66
　印刷プレビュー　66
　印刷用紙　66
インストール　37
インターネット　19
インターネット検索　3
インタフェース　40
インデント　75, 152, 153, 154
　インデントの操作　75
　インデントを増やす　75, 78, 152
　インデントを減らす　75

う
ウイルス　19
　ウイルス感染　19
　ウイルススキャン　21
　ウイルス対策ソフト　20
　ウイルスチェック　22
　ウイルスメール　25
上書き保存　63, 144

え
エイカー　19
英数文字に変換　50
エイトック　42
エクスプローラ　46
閲覧表示　144, 188

お
応用ソフトウェア　38
オートシェイプ　94
　オートシェイプの活用　97
　オートシェイプのコピー　95
置き換え　87
帯グラフ　11, 12
オフィススイート　41
オフィスソフト　41
オブジェクト　162, 181
　オブジェクトのグループ化　163
　オブジェクトの解除　163

オペレーティングシステム　38
折り返し　89
折れ線グラフ　11, 12
オンライン画像　29, 93, 158, 167
オンライン画像の挿入　93
オンラインストレージ　9
オンラインデータベース　3
オンラインテンプレートとテーマの検索　146
オンラインプレゼンテーション　190

か
開架式　4
回転　47, 89
解凍　49
解凍ソフト　49
改変禁止　30
鍵のマーク　32
拡大　89
拡張子　47
箇条書き　151
箇条書き機能　10
下線　72
仮想化技術　42
画像の挿入　89
カタカナに変換　50
片面／両面印刷　195
カタログ・パンフレットの作成ツール　142
かな入力　49
紙詰まり　67
画面切り替え　143, 186, 187
漢字への変換方法　50

き
キーワード　5
記憶装置　44
記号に変換　51
既存のファイルを読み込む　62
起動　60
基本ソフトウェア　38
脚注　121
脚注を作成　126
キャッシュ　25
キャッシュ機能　26
キャプチャ　92
キャラクタユーザインタフェース　40
境界線　82
行頭文字　151, 152
行内　90
行や列の削除　107
行や列の挿入　107
行を選択　107

均等割り付け　78, 156

く
クイックアクセスツールバー　60
クイックスタイル　161
クイックレイアウト　114
グラデーション　97, 165, 174
グラフィカルユーザインタフェース　40
グラフ　10
　グラフツール　114
　グラフの作成と編集　112
　グラフの種類　11
　グラフの用途・特徴　11
　グラフリテラシー　10
クリエイティブ・コモンズ(CC)　29
クリエイティブ・コモンズライセンス　29
グレースケールと白黒印刷　195
クレジット　30

け
京　36
経済白書　30
継承　30
罫線　174
　罫線の太さを調整　106
　罫線の利用　109
　罫線を選択　107
　罫線モード　106
消しゴム　47
検索　85
　検索エンジン　7
　検索サイト　7
　検索ボタン　85, 168

こ
校閲タブ　61
互換性　42
国立国会図書館　6
ゴシック体　72
個人情報　26
個人情報の漏洩　27
コマンドプロンプト　40, 46
ごみ箱　44
コンテンツ　28
コンピュータ　44
コンピュータウイルス　19

さ
サービスパック　42
サウンド　169
サウンドファイル　169

サウンドレコーダー 46
作成日 79
差し込み文書タブ 60
サブタイトル 150
産業財産権 28
参考資料タブ 60
散布図 11, 12
サンプルピクチャ 166
サンプルビデオ 171, 172

し

ジェイペグ 48
四角 90
軸ラベルを削除 114
軸ラベルを修正 114
思考の道具 142
自己解凍方式 49
時事情報 5
ジフ 48
ジャストシステム 42
斜体 72
修正日 79
縮小 89
出典 28
出力装置 37
肖像権 28
商標登録 31
情報の流出 25
情報発信 25
情報倫理 19
書式 71
　書式設定の基本的な操作 71
　書式をクリア 71
　書式のコピー 71
　書式の設定 71
ショッピングサイト 32

す

スーパーコンピュータ 36
ズーム 143
ズームスライダ 60, 143, 144
スクリーンショット 92
スクリーンロック 35
スクロールバー 60
図形 94
　図形(オブジェクト) 162
　図形の順序 94
　図形の整列 96
　図形のスタイル 96, 163
　図形描画グループ 161
　図形描画ツール 160, 162
　図形を描く 94
スタイル 117
　スタイルセット 117
　スタイルの適用 105
　スタイルの変更 121
　スタイルを設定 96
ステータスバー 60
スマートフォン 39
スパコン 36
スパムメール 19
図表 10
　図表の作成ツール 142
　図表番号 121, 122
　図表番号の位置 122
すべて置換 87
スライド 188
　スライド一覧 144, 188, 189
　スライドショー 143, 185, 187, 189, 190, 191, 192
　スライドショーツールバー 193
　スライドのサムネイル 143
　スライドデザイン 145
　スライドの印刷 194
　スライドの切り替え 191
　スライドの編集 189
　スライド表示 143
　スライドマスター 146
　スライドレイアウトの設定 148
　スライドレイアウトの編集 146

せ

セキュリティ 19
設定 66
セル 107
　セル内の文字の配置 109
　セルの結合 108, 176, 177
　セルの選択 107
　セルの分割 108, 176

そ

蔵書検索 6
挿入タブ 60, 143
総ページ数 79
総務省統計局 14
組織図 97
ソフトウェア 37

た

タイトル 124
タイトルバー 60, 143
タイピング 52
タッチタイピング 53

索引

ダウンロード　19, 44
高さや幅を揃える　108
ダミーウイルス　19
段組の設定　126
段組を組む　82, 126
短剣符　129
単文節の変換　50
段落番号　151, 153, 154

ち
チェーンメール　25
置換　85, 87
置換機能　87
知的財産　28
知的財産権　28
知の活動　2
中央揃え　156
調整　102
著作権　28
著作権侵害　29

て
定義ファイル　20
ディストリビューション　39
ディスプレイ　37
ディレクトリ型　7
手書き入力　51
テキスト形式　48
テキストファイル　46
テキストボックスの追加　127
デザインタブ　143, 145, 146
デジタルコンテンツ　28
デスクトップ　44
電子メール　19
電卓　46
テンプレート　61

と
ドーナツグラフ　11, 12
等幅フォント　73
ドキュメント　44
特殊記号の入力　51
特殊文字　88
匿名性　25
図書館　3
ドライブレター　45
トリミング　167

な
ナビゲーションウィンドウ　60, 85, 129
名前を付けて保存　62, 144

に
二次資料　4
二重剣符　129
日本分類十進法　3
入力装置　37
認証局　31

ぬ
塗りつぶし　47

ね
ネットショッピング　31
ネットバンキング　32
ネットワーク　44

の
ノート　188
　ノートの活用　188
　ノートペイン　143

は
バージョン　42
　バージョンアップ　54
　バージョン情報　42
パーソナルコンピュータ　36
ハードウェア　37
配置　75, 109, 161
　オブジェクトの配置　96
配布資料　195
バイナリファイル　46
パスワード　33
パスワード付で圧縮　34
パソコン　36
バックアップ　10
バックステージビュー　61
パッチ　42
バリエーション　146
半角に変換　50
反転　162, 182
汎用機　36

ひ
非営利　30
ビジネスメール　24
左揃え　156
日付　79
ビットマップ形式　48
ビデオファイル　170
百科事典データベース　6
表示　30
　表示タブ　61

索引

　　表示モードの切り替え　143, 144
　標準　144, 188
　表　104
　　表全体を選択　107
　　表の作成と挿入　173
　　表の作成と編集　104
　　表のスタイル　174
　　表の選択　107
　　表のレイアウト　108
　ひらがなに変換　50

ふ

　ファイル　9
　　ファイル形式　47
　　ファイルタブ　60, 143
　　ファイルの管理　33
　　ファイルの保存　44, 61, 62
　　ファイルホスティング　9
　　ファイル名の変更　46
　　ファイルを開く　61
　フィッシング　23
　フィッシングメール　25
　フィルタリング　8
　フェードイン　172
　フォルダ構成　44
　フォント
　　フォントグループ　71
　　フォントのリスト　72
　　フォントサイズ　72
　　フォントの色　72
　複数行を一度に設定　120
　複数セルを選択　107
　複数のオブジェクトの選択　183
　複文節の変換　50
　フッター　79
　　フッターの挿入　81, 196
　　フッターを変更　81
　太字　72
　ブラウザ　7, 41
　ぶら下げインデント　75
　フリー素材　29
　プリンタ選択　194
　プリンタドライバ　66
　プリンタプロパティ　194
　フルディスクスキャン　22
　プレースホルダ　143, 150, 151, 176, 178, 180
　プレゼンテーション　142, 188, 190
　プレゼンテーションの実行　190
　ブログ　25
　プログラム　37, 38
　プロポーショナルフォント　73

　文書名　79
　分類番号　4

へ

　閉架式　4
　ペイント　46
　ページ数　79
　ページ設定　197
　ページレイアウトタブ　60
　ヘッダー　79
　　ヘッダーの挿入　79, 196
　　ヘッダーを変更　81
　ベリサイン社　32
　ヘルプボタン　60
　変換　49
　ペンの色ボタン　106
　ペンの太さ　106

ほ

　ポインタオプション　191
　棒グラフ　11, 12
　ホームタブ　60, 143
　ホームポジション　53
　ボット　19

ま

　マーカーの色　192
　マーカーの種類　192
　マイクロコンピュータ　36
　マイクロソフト　41
　マイコン　36

み

　右揃え　156
　明朝体　72

む

　ムービーファイル　171

め

　迷惑メール　22
　メインフレーム　36
　メールサーバ　23
　メールボックス　23
　メモ帳　46

も

　目次　10
　　目次の検討　129
　　目次の更新　118
　　目次の作成と利用　118

目次の見出しの折りたたみと展開　130
　　目次を挿入　120
目的別スライドショー　191
文字入力　49, 52
文字の効果　102
文字の効果と体裁　102
文字の配置　75
文字列の折り返し　89
元に戻す　72

ゆ
ユーザー設定　124, 184, 186
ユーザー設定の余白　124

よ
用紙不足　67
余白の操作　75

り
リッチテキスト形式　48
リボン　60, 61, 143
利用規約　26

る
ルーラー　60, 75, 153
ルーラーの表示　75
ルビ　73

れ
レイアウト　108
レイアウトオプション　89
レーダーチャート　11, 12
列を選択　107
レベル上げ　154, 155
レベル下げ　154, 155

ろ
ローマ字入力　49
ログ　25
ロボット型　7

わ
ワードアート　102, 158, 159, 165
ワードパッド　46
ワープロ検定　53
ワイルドカード　88
割付印刷　67

編著者あとがき

　本書は，2012 年に出版された『大学生の知の情報ツールⅠ』を改訂した書です。対応するソフトウェアを Microsoft Office2013 としました。内容としては，「はじめに」の冒頭で述べたように，コンピュータが，知のツールとして有効に働く側面に焦点を当てて編集しました。また，取り扱う内容と学生諸君の使い勝手を考慮し，前編と後編の 2 冊に分けました。

　各章の執筆担当者を記すと以下のようです。

前編（Ⅰ）
 第 1 章　大学生の知の情報ツール　　　　　　　　　　　　永田　大・森　園子・坂本憲昭
 第 2 章　Word2013 を使った知のライティングスキル
 　　　　Word2013 の基本操作　　　　　　　　　　　　　　永田　大・森　園子
 第 3 章　PowerPoint2013 を利用した知のプレゼンテーションスキル
 　　　　PowerPoint2013 の基本操作　　　　　　　　　　　守屋康正・森　園子
後編（Ⅱ）
 第 1 章　Excel2013 を利用した知のデータ分析
 　　　　Excel2013 の基本操作　　　　　　　　　　　　　　森　園子・池田　修・谷口厚子
 第 2 章　Google による情報検索とクラウドコンピューティング　永田　大・森　園子

　本書の執筆に当たっては，初版の『大学生の知の情報ツールⅠ』を基として，森が全体の主旨と構成を決め，第 1 稿の改訂を各先生方にお願いしました。そしてこの稿を，森が加筆・修正・編集しました。また，校正に関しましては，永田大先生にも加わって頂きました。時間が限られていたこともあり，不足・不備な箇所が多々あることと思います。本書をお使いになられた各先生方の御指南を受け，進化する ICT とともに本書も更なる進化を目指しております。

　末筆ながら，御多忙中執筆に当たってくださった各先生方，さらに今回の企画と編集を進めてくださった，共立出版の寿日出男氏ならびに中川暢子氏に，心より感謝の言葉を申し上げます。

2015 年 3 月

拓殖大学政経学部
森　園子

Memorandum

Memorandum

Memorandum

Memorandum

<編著者紹介>

■森 園子（もり そのこ）
　津田塾大学数学科卒業(1976年)
　同大学大学院理学研究科数学専攻博士前期課程修了(1978年)
　立教大学大学院理学研究科数学専攻博士後期課程満期退学(1984年)
　現在 拓殖大学政経学部教授, 理学修士(津田塾大学 1978年)
　専門分野　情報科学・数学および情報教育

■池田 修（いけだ おさむ）
　東京工業大学卒業(1970年)
　同大学大学院博士後期課程修了(1976年)
　元 拓殖大学工学部教授, 工学博士(東京工業大学 1976年)
　専門分野　マルチメディア処理, 情報数学・データ処理論, 人工知能処理

■坂本 憲昭（さかもと のりあき）
　法政大学工学部卒業 (1988年)
　法政大学大学院工学研究科博士後期課程修了 (1993年)
　住友金属工業株式会社勤務を経て,
　現在 法政大学経済学部教授, 工学博士(法政大学 1993年)
　専門分野　システム制御工学, 情報教育

■永田 大（ながた だい）
　駿河台大学文化情報学部卒業(1999年)
　情報セキュリティ大学院大学情報セキュリティ研究科博士前期課程修了(2011年)
　現在 ㈱管理工学研究所勤務 拓殖大学政経学部講師, 情報学修士(情報セキュリティ大学 2011年)
　専門分野　システム開発に従事

■守屋 康正（もりや やすまさ）
　中央大学理工学部卒業(1972年)
　関東学院大学経済学研究科経営学博士前期課程修了(2002年)
　横浜市立大学大学院経営学研究科博士後期課程満期退学(2006年)
　富士ゼロックス勤務を経て,
　現在 拓殖大学政経学部講師, 駿河台大学メディア情報学部講師, 経営学修士(関東学院大学 2002年)
　専門分野　計算機科学, 経営情報システム

大学生の知の情報ツール I
Word & PowerPoint
第2版　MS-Office 2013 対応
ICT Tools for Academic Skills I

2012 年 3 月 25 日	初　版 1 刷発行
2014 年 2 月 25 日	初　版 4 刷発行
2015 年 5 月 10 日	第 2 版 1 刷発行
2017 年 4 月 5 日	第 2 版 6 刷発行

編著者　森　園子　ⓒ 2015
著　者　池田　修・坂本憲昭
　　　　永田　大・守屋康正
発行者　南條光章
発　行　共立出版株式会社
　　　　東京都文京区小日向 4-6-19（〒112-0006）
　　　　電話　03-3947-2511（代表）
　　　　振替口座　00110-2-57035
　　　　http://www.kyoritsu-pub.co.jp/

印　刷　星野精版印刷
製　本　協栄製本

検印廃止
NDC007
ISBN 978-4-320-12387-8

一般社団法人
自然科学書協会
会　員

Printed in Japan

[JCOPY] ＜出版者著作権管理機構委託出版物＞
本書の無断複製は著作権法上での例外を除き禁じられています．複製される場合は，そのつど事前に，出版者著作権管理機構（TEL：03-3513-6969，FAX：03-3513-6979，e-mail：info@jcopy.or.jp）の許諾を得てください．

酒井聡樹 著

これから論文を書く若者のために
【究極の大改訂版】

「これ論」!!

本書は2002年5月の初版刊行以降、多くの若者に読み継がれてきた"これ論"の【究極の】大改訂版（第3版）である。「大改訂増補版（第2版）」刊行以降も著者は様々な分野の論文に目を通し、論文の書き方について思考を重ねてきた。学生の論文執筆指導や著者自身の論文の執筆においても、年月に応じて多くの経験が蓄積された。それらを余すところなく伝えるべく「大改訂増補版」のほぼすべての章について書き換えを行い、論文の書き方に関する著者の【到達点】をここに込めた。生態学偏重だった実例は新聞の科学欄に載るような例に置き換えて本文中の随所に配置し、各章の冒頭には要点ボックスを加えるなど、どの分野の読者にとっても馴染みやすく、よりわかりやすいものとした。本書は、長く険しい闘いを勝ち抜こうとする若者のための必携のバイブルである。

●A5判・並製ソフトカバー・328頁・定価（本体2,700円＋税）●

これからレポート・卒論を書く若者のために

「これレポ」!!

本書はレポート・卒論を書く若者全員へ贈る福音書である。これからレポート・卒論を書く若者にとって、必要なことをすべて書いた本である。こうした文書を書いたことがない若者や、書こうと思って苦しんでいる若者のための入門書だ。理系文系は問わない。どんな分野にも通じるように書いてある。本書は、三部構成である。第1部では、レポート・卒論とは何かを解説する。高校までに書いていた作文とはいかに違うのかを知って欲しい。第2部は、本書の核となる部分である。レポート・卒論を書くために必要なことすべてを解説している。第3部は文章技術の解説である。わかりやすい文章を書くために必要な技術を徹底的に解説している。本書の内容は大学・短大・高等専門学校などの学生だけではなく、社会人となって、ビジネスのレポートを書こうとしている若者や、学生のレポート・卒論書きを指導する、教える側の人々にも役立つものである。

●A5判・並製ソフトカバー・242頁・定価（本体1,800円＋税）●

これから学会発表する若者のために
【ポスターと口頭のプレゼン技術】

「これ学」!!

本書は、これから学会発表する若者のための本である。学会発表をしたことがない若者や、経験はあるものの、学会発表に未だ自信を持てない若者のための入門書だ。これから学会発表する若者にとって必要なことをすべて解説している。理系文系は問わない。どんな分野にも通じる心構えを説き、真に若者へ元気と勇気を与える。本書は、三部構成である。第1部では、学会発表の前に知っておきたいことを説明する。学会への臨み方の解説である。第2部では、発表内容の練り方を解説する。ここでの説明は、論文の書き方にも通じるものである。第3部では、学会発表のためのプレゼン技術を解説する。わかりやすいポスター・スライドの作り方、発表本番でのポスター・スライドの説明の仕方、質疑応答の仕方、これらを徹底的に解説している。

●B5判・並製ソフトカバー・182頁・定価（本体2,700円＋税）●

http://www.kyoritsu-pub.co.jp/　　共立出版　　（価格は変更される場合がございます）